WATERWAYS, DIKES, POLDERS, HYDRAULIC ENGINEERING, WINDMILLS ETC. IN THE NETHERLANDS

A most important and representative collection of historical, geographical, technical and legal books and separate maps, for the greater part formed by the late

Dr. A. A. BEEKMAN

SPRINGER-SCIENCE+BUSINESS MEDIA, B.V.

Cable address: Books Hague

Teleph. 182384

ISBN 978-94-015-1726-3 ISBN 978-94-015-2877-1 (eBook)
DOI 10.1007/978-94-015-2877-1
Softcover reprint of the hardcover 1st edition 1949

CONTENTS

No country in the world has undergone so many and important alterations in its geographical shape than the Netherlands. The balance of losses and gains during centuries is most remarkable. The gains are the reclamation of the lakes like de Beemster, de Purmer, de Wormer, Haarlemmermeer, etc. and the reclamation of an important part of the Zuiderzee. The losses are a part of the islands of the provinces Zuid-Holland, Zeeland, etc.

This collection is brought together during about 70 years by Dr. A. A. Beekman (1854–1946), the wellknown author of „Nederland als polderland", the encyclopedia „De Wateren van Nederland", „Geschiedkundige Atlas van Nederland", „Het dijk- en waterschapsrecht in Nederland vóór 1795", etc.

I beg to draw your special attention to the splendid collection of maps and the famous atlases of the so-called „Hoogheemraadschappen" (high offices of the dike-reeves), which were published in the 17th and 18th centuries. These atlases are monuments of cartography.

Further the library contains a nearly unique collection on the draining of the Zuiderzee.

As it would be impossible to again bring a similar collection together, which contains ab. 1325 books, atlases and tracts, 225 single maps and moreover the Zuiderzee collection, it will be sold en bloc.

The price of the collection is **Gld. 15.000.—** *(1 gld. = $ 0.38;*
£ 1.—. = Gld. 10.70)

DIKES, IMPROVEMENT OF RIVERS AND CANALS, WINDMILLS, SLUICES, ETC.

(For maps and monographs on special rivers, etc. see second section)

1 **Beekman, A. A.,** Polders en droogmakerijen. 's-Grav. 1909, 12. 2 vols. 8vo. boards. W. a volume of 76 pl. square folio. (Henket en Schols, Waterbouwkunde vol. VI)
The best work on the subject.

2 **Beernink, J. J. Ph.,** Waterbouwkundige werken der oudheid in Nederland. Deventer, 1937. W. 8 maps.

3 **Berghuis, F. L.,** Handboek voor de water- en burgerlijke bouwkunde. 2e dr. Gron. 1878. W. 54 pl. royal 4to. hfcalf.

4 **Blanken Jzn, J.,** Geschiedk. aanteekeningen over de vroegere binnendijksche waterontlastingen door sluizen enz. Utrecht, 1834. W. 3 pl. — 1ste Vervolg-memorie, enz. enz. 1835. W. folding map. — Tog. 2 vols. 4to.

5 — De algemeene rivier- en waterstaatkundige ontwerpen, welke ... tot op heden gevormd en uitgevoerd, of nog in overweging zijn, enz. enz. Utrecht 1836. 4to. hfcalf. (Without the map).

6 — Bijdr. en aanmerk. der geschriften over de rivieren, van de Alpische gebergten tot in de Noordzee, en hoe vele bedijkingen in gevaar zijn, enz. Utrecht, 1838. Vol. I (all publ.). 4to. boards.

7 **Bleiswijk, P. v.,** Verhand. over het aanleggen en versterken der dijken. Uit het Lat. d. J. Esdré. Leyden. 1778. W. 2 pl. boards.

8 **Bosscha, J.** en **J. M. v. Bemmelen,** Onderzoek naar de mate, waarin water onder versch. drukhoogte door zandmassa's van versch. samenstelling en breedte stroomt. Verzameling van waarnemingen bij kanalen, rivieren, polders, droogmakerijen enz. Amst. 1887. W. 7 pl. 4to. (Akad.)

9 **Brunings, C. L.,** De verschillende mate van digtheid der ysstoppingen op de rivieren .... ter gelegenheid van de ijsgang in Lauw- en Sprokkelmaand van den jare 1810. No pl. no d. (1811). W. 9 pl. 4to. boards. *Reprint.*

10 — Verspreiding v. d. vloed uit zee opwaarts langs de onderscheidene rivieren. Amst. 1812. W. 3 tables. 4to. *Reprint.*

11 **Conrad, F. W.,** Leven en verdiensten van Chr. Brunings. 's-Grav. 1827. W. front. 4to.

12 **Caland, A.,** Handleiding tot de kennis der dijkbouw- en zeeweringskunde. Zierikzee, 1833. Vol. I (all publ.). W. 4 pl. hfcalf.
The standardwork on dikes. Scarce.

13 **Cohen Stuart, L.,** Uitkomsten der Rijkswaterpassing, 1875–85. Volt. d. H. G. v. d. Sande Bakhuyzen en G. v. Diesen. 's-Grav. 1888. W. map. 4to. boards. (Some marginal notes).

14 **Conrad, F. W.,** De middelen om verzakkingen enz. aan de dijken onzer hoofdrivieren te stuiten, en de gevolgen voor te komen. Haarlem, 1828. W. 4 pl.

15 **Conrad, J. F. W.,** Beoord. v. het door Siccama opgemaakt ontwerp eener zeehaven te Scheveningen. 's-Grav. 1884. W. 5 pl. 4to.

16 **Course and diversion of rivers,** river system, etc. Collection of 50 works by J. Blanken, A. de Geus, A. F. Goudriaan, C. Krayenhoff, R. de Muralt, C. Redelijkheid, O. Repelaer van Driel, L. A. Reuvens, T. J. Stieltjes, W. F. Leemans, a.o. 1700–1913. W. maps.
Very important monographs by the best dutch engineers.

17 **Delprat, J. P.,** Berekenen van de middelbare snelheid van waterstroomen. Amst. 1844, 50. 2 pieces. W. 1 pl. 4to. *Reprint.*

18 **Dugdale, W.,** The history of imbanking and draining of divers fens and marshes, both in foreign parts and this kingdom, and of the improvements thereby. Extracted from records, mss. a. o. authentic testimonies. 2d ed. by Ch. N. Cole. London, 1772. W. 11 maps. folio. hfcalf (binding broken).

Chap. XXXIV: How Holland and marshland were first gained from the sea. — etc.

19 **Fijnje, J. G. W.,** Het slibgehalte van het water van eenige Nederlandsche rivieren. Rott. 1882. 4to. boards.

20 **Gerlach Jr., J. A.,** Handboek voor dijk- en polder-beheer. 's-Hertogenbosch, 1846.

21 **Goudriaan Jzn., B.,** en **J. Pierlinck,** Het stoppen eener dijkbreuke. Haarlem, 1760. W. 2 pl. *Reprint.*

22 **(Groothoff, A.,** en **E. J. F. Thierens),** Electrische polderbemaling van uit de stedelijke electriciteitsfabriek te Leiden als krachtcentrale. 's-Grav. 1912. W. map. 4to.

23 **Huet, A.,** Stoombemaling van polders en boezems. 's-Grav. 1885. 8vo. hfcalf. W. atlas of 25 pl. fol. hfcalf.

24 **Ingenieur, De.** Orgaan van het Kon. Instituut van ingenieurs. 's-Grav. 1888–1941. Year 3–56. 56 vols. W. index to 1886–1925. Tog. 60 vols. 4to. boards.

Missing 1938 and 1939.

A considerable part is devoted to hydraulic engineering.

25 **Kerckhoff, P. C. van,** Voorziening van de boorden der kanalen in Nederland tegen afslag. 's-Grav. 1888. W. 5 maps. 4to.

26 **Korthals Altes, J.,** Polderland in Italië. 's-Grav. 1928. W. pl. and ill. cloth.

27 **Krayenhoff, C. R. T.,** Recueil des observations hydrogr. et topogr. faites en Hollande. Amst. 1813. W. 3 maps and pl. boards.

28 — Verzameling van hydrogr. en topogr. waarnemingen in Holland. Amst. 1813. W. maps and pl. hfcloth.

29 — Levensbijzonderheden van (hemz.). Uitgeg. d. H. W. Tydeman. Nijmegen, 1844. W. portr.

30 **Listingh, N.,** Incitamentum et adiumentum, d.i. opweckinge om de zee-dycken in Hollandt of West-Vrieslandt te beschermen. Amst., Erfg. van P. Matthysz, 1702. W. 3 large pl. — Tweede opwecking tot het versorgen van de oude magteloose Muyder-zee-dyk, etc. Amst., Erfg. P. Matthysz., 1705. W. 6 large pl. — In 1 vol. 4to. vellum.

31 **Mazel, J. Z.,** De verdediging der rivierdijken bij ijsgang en hoog opperwater. Leiden, 1886.

32 **Memorien, Twee,** betrekk. den schelpkalk en steenkalk ... wat de theorie en de ondervinding geleerd heeft ten aanzien van het gebruik voor waterwerken. 's-Grav. 1832.

Mills

33 — **Blanken Jzn., J.,** Wijziging in het zamenstel van de raden der schepradmolens. Rott. 1826. 4to. boards.

34 — **Blanken Jzn., A.,** Middel tot verbetering der uitwerking van de watermolens terbemaling der polderlanden. Amst. 1818. W. 1 pl. 4to. *Reprint.*

35 — **Brinkerink, G.,** Beschrijving van twee nieuw geinventeerde watermolens. — **C. A. Jolles,** Het stoomgemaal voor de zuiderafwatering der Maasmondverlegging onder Waalwijk. etc. 5 pieces. 1776–1919. W. pl.

36 — **Eckhardt, F.** en **A.,** Vergelijking tusschen watermolens met hellende en met staande schepraders. 2e dr. 's-Grav., J. Allart. 1816. W. 3 pl. boards.

37 **Nota's** betreffende het zoutgehalte der Nederlandsche benedenrivieren van rijkswege waargenomen in 1907 en 1908. M. 11 bijlagen. 's-Grav. 1911. fol. boards.

38 **Olivier Dz., E.,** Aanteek. betr. de Noord. (1869). W. map and 1pl. *Reprint.* — **J. Scholten,** Afsluiting van den Goudschen IJssel in het belang van koophandel, enz. 1834. — De Schie als boezem voor de ontlasting van de polder-landen. 1834. — etc. Tog. 4 pieces folio, 4to and 8vo.

39 **Plasschaert, B. F.,** Beknopt practisch leerboek der waterbouwkunde. Arnhem, 1887. W. ill.

40 — Leerboek der burgerlijke en water-bouwkunde. Arnhem, 1885, 87. 2 vols. W. pl. cloth.

41 **Plasschaert, L. R.,** Aanteekeningen op waterbouwkundig gebied. Helder, 1890. W. 15 maps and pl. cloth.

42 — Leerboek der oever-, strand- ,duin- en dijksverdediging. Amst. 1902. hfcalf. W. atlas. In portfolio.

43 **Quartel, P. J. de,** Denkbeeld omtr. eene verbetering van de toestand der hoofdrivieren in Nederland, in verband met de dijkbreuken en overstroomingen van 1809, 1820 en 1855. Assen, 1855.

44 **Rapport** der Staats-Commissie ... op welke wijze, binnen de Stelling van Amsterdam, in tijd van oorlog, voldoende zal kunnen worden voorzien in de behoefte aan drinkwater. Met Bijlagen. Amst. 1899. 2 vols. W. 6 large maps. folio.

45 **Rapport** betreff. de verbetering van de waterstaatkundigen toestand van de stroomgebieden van Beneden-Donge en Oude Maasje, v. h. poldergebied ten zuiden van den Amer en van den Noordbrabantschen Biesbosch. No pl., no date. W. maps.

46 **Rapport** d. inspecteurs v. d. waterstaat ... Aanteekeningen betrekkel. ijsbezettingen en overstroomingen langs de Nederl. rivieren. 's-Hage, 1861–64. 2 vols. W. 1 pl. 4to. boards.

47 **Rapport** betreffende de verbinding der Y-oevers. 's-Grav., 1931. 2 vols. in 1. W. 34 plans. orig. cloth.

48 **Redelykheid, C.,** La nouvelle machine à creuser les ports et les rivières. Trad. du Holl. — De nieuw uitgevonden diepmachine. — La Haye, H. C. Gutteling, 1774. In 1 vol. W. 3 folding pl. folio. boards.

49 **Reinhold, D.,** Nachricht von grossen und merkwürd. Wasserbauten, an den Haupt-Strömen im Kön. der Niederländen unvermeidlich. Bremen, 1832. 4to. (A corner stained).

50 **Reuther, A. C.,** Mengelingen, bev. gedachten, betr. onderscheidene onderwerpen, beh. tot den waterbouw en de werktuigkunde. 's-Grav. 1852.

51 **Sanders, L. A.,** De toekomst van cement-ijzeren putten en platen op waterbouwk. gebied. Amst. 1908. W. ill.

52 **Simons, G.,** en **A. Greeve,** De stoombemaling van polders en droogmakerijen. Rott. 1844. 4to. hfcalf. (Verhand. Bat. Gen. IX, 1).

53 **Sluices.** 9 works on sluices by Alewijn, Brunings, Goudriaan, Harte, Redelijkheid, a.o. 1776–1852.

54 **Thierry, J. W.,** De strijd tegen Nederlands erfvijand. Rott. 1930.

55 **Tutein Nolthenius, R. P. J.,** Watervrede. Amst. 1880. W. pl.
ADDED: Goor, W. B. van, NOTA betreffende de afwatering der Geldersche vallei in verband met kanaalaanleg. 's-Grav. 1917. — HUBRECHT, P. F. Is Holland in last? Utrecht, 1879. — OPEN BRIEF aan P. F. Hubrecht naar aanleiding van zijn brochure „Holland in last". Leiden, 1879. etc. Tog 6 pieces.

56 **Veen, J. van,** Onderzoekingen in de Hoofden in verband met de gesteldheid der Nederlandsche Kunst. 's-Grav. 1936. W. 148 maps, pl. and ill. 4to. cloth.
Out of print.

57 **Verslag** van de commissie voor de reorganisatie van den rijkswaterstaat, ingesteld 11 Febr. 1924. 's-Grav. 1926.

58 **Vierlingh, A.,** Tractaet van dyckagie. Uitgeg. d. J. de Hullu en A. G. Verhoeven. 's-Grav. 1920. royal 8vo. cloth. W. atlas of 14 maps. sm. 4to. In portfolio.
This „Tractaet" was written ca. 1579.
Rijks geschiedkundige publicatiën. Kleine serie, No. 20.
Out of print.

59 **Welcher, J. W.** en **W. G. C. Gelinck,** Het leven van J. F. W. Conrad. 's-Grav. 1905. W. 4 portr. 4to. boards. *Reprint.*

60 **Wentholt, L. R.,** Stranden en strandverdediging. Delft, 1912. 1 vol. of text and 1 vol. of 18 large maps. = 2 vols. cloth.

RIVERS, CANALS, POLDERS, ETC.

(historically, geographically, technically and legally)

General

61 **Aa, A. J. van der,** Aardrijkskundig woordenboek der Nederlanden. Gorinchem, 1839–51 13 vols. hfcalf.

62 **Aftekening, Nieuwe,** tot droogmakinge van de uytgeveende landen geleegen in Rijnland, Amstelland en Utrecht als Nieukoop, Sevenhoven, Nieuveen, enz. door L. Kraakhorst. Amst., R. en J. Ottens, 1742. 54 × 40 cm. coloured.

63 **Andreae, S. J. Fockema,** Hoofdlijnen van waterschapsrecht. 2e dr. Alphen, 1946. hfcloth.

64 — en **B. van 't Hoff,** Geschiedenis der kartografie van Nederland van den Romeinschen tijd tot het midden der 19e eeuw. 's-Grav. 1948. W. 25 pl. 4to. hfcloth.

The first history of the cartography of the Netherlands, with a summary in english.

65 **Atlas, Geschiedkundige,** van Nederland. Uitgeg. d. de Commissie voor den geschiedkundigen atlas van Nederland en geteekend d. A. A. Beekman. 's-Grav. 1911–38. 185 sheets.

Historical and physico-geographical atlas of the Netherlands. The text is written by the best scholars (A. A. Beekman, P. J. Blok, H. Brugmans, A. H. L. Hensen, J. H. Holwerda, S. P. L'Honoré Naber, J. C. Ramaer, P. J. van Winter a.o.). Monumental work. The maps bound in 3 vols. cloth, the text in 15 vols. cloth.

66 **Beekman, A. A.,** Het dijk- en waterschapsrecht in Nederland vóór 1795. 's-Grav. 1905, 07. 2 stout vols. cloth.

Out of print.

67 — Nederland als polderland. 3e dr. Zutphen, 1932. W. maps and pl. cloth.

Fundamental work on the „polders".

68 — De wateren van Nederland aardrijkskundig en geschiedkundig beschreven. 's-Grav. 1948. 4to. cloth.

Encyclopedia of the Dutch rivers, canals, brooks, etc. It gives a very extensive geographical and historical description of *all* the waters of the Netherlands, even the smallest ones.

With a preface by W. J. H. Harmsen director general of the department of „Waterstaat" (dep. of buildings and roads).

The first work on the subject, written bij the most competent author.

69 — Catalogus van kaarten, enz., betr. de oudere en tegenwoordige gesteldheid van Holland tusschen Maas en IJ, aanwezig op de tentoonstelling te Amsterdam, 1921. Leiden, 1921. W. map.

70 **Beschouwing,** van de dijkbesturen en hoogheemraadschappen. Rott., 1839. — **Donker Curtius, D.,** De regtsmagt der hooge- en andere heemraadschappen betwist. 's-Grav. 1834. — **Outeren, G. P. van,** De regtsmagt van het hoogheemraadschap van Rijnland verdedigd. Leyden, 1835. — **Donker Curtius, D.,** Beantwoording der verdediging van de regtsmagt der heemraadschappen. 's-Grav. 1835. — Verdere bestrijding der regtsmagt van heemraden. 's-Grav. 1836. — **Rechtsmagt, De,** der hooge en andere heemraadschappen bewezen. Rott. 1835. — **Dijckmeester, H. J.,** Iets over het bestaan van de regtsmagt der dijkstoelen en heemraadschappen. Tiel, 1836. — **Gevers Deynoot, W. T.,** Bijdrage tot de kennis der hoogheemraadschappen enz. in de provincie Zuid-Holland. Rott. 1844. — **Vollenhoven, F. van,** Adres aan de gedeputeerde staten der Provincie Zuid Holland ter zake van . . . een nieuw reglement voor het hoogheemraadschap van Schieland. Rott. 1843. — **Thooft, I.** Brief aan Heeren dijkgraaf, hoogheemraden en hoofdingelanden van Schieland. Rott. 1846. Tog. 10 pieces en 1 vol. boards.

71 **Boele van Hensbroek, P. C.,** Korte samenvatting van het waterstaatsrecht. 's-Grav. 1939.

72 **Brouwer, A. G.,** Brief aan J. R. Thorbecke ter wederlegging van zijn advies betrekkelijk dijk- en polderzaken. Gor. 1843.

73 **(Colon, J. A.(,** Carte nouvelle de la comté de Hollande et de la seigneurie d'Utrecht. Amst., Covens en Mortier, ca. 1720. 40 sheets. Tog. 160 × 290 cm.

New edition of the first map of Hollant (and Utrecht) on a scale of 1 : 50000.

This map, the most important map of Holland published in the 17th century (1647) is so scrace, that it is mentioned for the first time by Wieder in „Merkwaardigheden der oude cartographie van Noord-Holland".

This new edition contains considerable corrections and alterations.

74 **Dautun, D. H.,** Waterbeschrijving der Vereen. Nederlanden, waar in alle de wateren die deeze landen bespoelen. Amst. 1771. W. map. vellum.

75 **Donker, C. P.,** Dijk- en polderlasten. Amst. 1886. boards.

77 **Dijckmeester, B.,** Het waterschap als voorbeeld van een typisch Nederlandsche corporatie. No pl. ca. 1940. folio. mimeographed.

[Hist. studiën over ordening, no. 1].

78 **Elink Sterk, A.,** Oud en nieuw. Nasporingen en opmerkingen ter zake van de heemraadschappen. Met nadere toelichting. Utrecht, 1849. 51. 2 vols.

79 **Ermerins, J. J.,** Het Kon. Besluit van 17 Dec. 1819 houdende overdragt van het beheer en de bekostiging van waterstaatswerken aan de staten der provinciën. Gron. 1869.

80 **Fijnje, J. G. W.,** Beschouwingen over eenige rivieren, waaronder Nederlandsche, in verband met de handels- en scheepvaartbelangen, en met enkele vraagstukken die in de laatste jaren zijn voorgekomen. 's-Grav. 1884–88. 3 vols. in 4. W. 63 pl. 4to. bound.

Cont. I: De zee; de rivieren; Noord-Italiaansche rivieren en lagunen; Donau. — II. Rhône; Seine. — III. Rijn.

81 — Ontwerp van eene brug over de Kil, te 's-Gravendeel. — **Verslag** der commissie. 2 pieces. 8vo. — **Verslag** van den toestand van de brug over de Oude Maas bij Barendrecht. 1910. W. pl. folio. boards.

82 **Gempt, B. te,** Rivierpolders in Nederland. Haarlem, 1857. W. map and pl.

83 **Hettema, Jr., H.,** De Nederlandsche wateren en plaatsen in den Romeinschen tijd. 's-Grav. 1938. W. map.

84 **Hoefer, F. A.,** Verklaring van waterstaatkundige benamingen, vooral met het oog op militaire inundatiën. Utrecht, 1880. W. 3 maps.

85 **Honert, Thz. J. v. d.,** Geschied. en beginselen der Nederl. wetgeving betrekk. de. magt der hooge en andere heemraadschappen, dijk- en polderbesturen enz. Amst. 1842 .boards.

86 **Houweninge, D. v.,** Strafwetgevende macht der waterschappen. Leiden, 1890.

87 **Inventaris** der verzamelingen kaarten, berustende in het Rijksarchief. 's-Grav. 1867, 71. 2 vols. boards.

I. Zee- en landkaarten, bew. d. P. A. Leupe. — II. Kaarten van Nederland, bew. d. J. H. Hingman.

Extremely scarce.

88 **Jacobi, H.,** Het privilegie voor waterschapslasten. Haarlem, 1885. boards.

89 **Kaart, Hydograph.,** der vaarwaters van het Haringvliet, Krammer, Volkrak, en Hollandsch diep. Trignom. opgenomen in 1842 d. A. van Rhyn. Herz. d. A. R. Bloemendal, 1863. Engraved map and printed on cloth, 110 × 69 cm.

90 **Kaart, Nieuwe,** van Zuid Holland, Utrecht, de Vijfheeern Landen en een gedeelte van Gelderland. Amst., J. Covens en Zoon, ca. 1760. 76 × 59 cm.

91 **Kaarte** van de waaterlossinge van de veenen en landerijen geleegen tussen de Gelderse, en Stichtse bergen, strekkende van de Wageninsendijk tot aan den Slaaperdijk en voorder ... tot aan Amersvoort. 1701. 83 × 55 cm. drawn (in colours).

92 **Kaerte** van Suyt-Hollants grootste deel vervatende geheel Rijnlandt ende Suytkennemerlandt, mitsgaders een gedeelte van Delflandt, Amstellandt ende het

Sticht van Uytrecht ... gekopieert door Pieter Bruynsen in 1591 na sekere kaerte gedateert 1531. (Amst., C. J. Visscher, 1644). 58 × 47 cm. colored.
Scarce. Slightly damaged.

93 **Kemper, P. H.,** Repertorium der literatuur van den waterstaat van Nederland. 2e verm. dr. 's-Grav. 1915.

94 **Koning, B. M. den,** Het koningrijk der Nederlanden. sch. 1 : 200.000. 's-Grav. c.a. 1885. W. 8 coloured maps.

95 **Kraijenhoff, C. R. E.,** Verzameling van hydrographische en topographische waarnemingen in Holland. 's-Grav. 1835. W. map and 2 pl. hfcalf.

96 **Langeveld, L. A.,** Land- en waterwegen der Romeinen voornamelijk in de Maas-, Waal- en Rijndelta omstreeks het begin onzer jaartelling. 's-Grav. 1930. W. map.

97 **Lek. — Hengst, J. A. van,** en **F. A. R. A. van Ittersum,** De Lekdijk Benedendams en IJsseldam. Geschiedenis van dit Hoogheemraadschap (862–1905) 's-Grav. en Utrecht, 1900–07. 3 vols. W. 11 colored maps. (vol. I hfcalf).

98 — **Memorie** van het Kollegie van den Lekdijk bovendams over het Rapport tot onderzoek der beste rivierafleidingen. — **G. Moll,** Antwoord wegens eene Memorie, enz. — 1828, 29. 2 pieces. 4to.

99 — **Welcker, J. W.,** De Noorder-Lekdijk Bovendams en de doorsteking van den Zuider-Lekdijk bij Culemborg, 1803–1813. M. Bijl. 's-Grav. 1880.

100 **Lennep, H. S. v.,** De legibus et decretis, quibus viae regiae reguntur. Amst. 1856.

101 **Lugt, J. H.,** De oprichting van waterschappen. Winterswijk, 1892.

102 **Maas. — Afbeeldinge** van de Maes van de stadt Rotterdam tot in zee ... door J. Quacq 1665, waar in vertoond wordt de tegenwoordige gedaante van het eyland Roozenburg, Blankenburg, de Ruyge Plaat, enz. Amst., R. en J. Ottens, 1740. In 4 sheets of 36 × 40 cm. each.

103 — **Kaart** van de verlegging van de uitmonding der rivier de Maas. Schaal 1 : 50000. ca. 1880.

104 — **Aanteekeningen** betr. de wateraftappingen van de Boven-Maas. Met graph. voorstell. van den invloed der nacht-tappingen door het kanaal Luik-Maastricht. 's Hage, 1859. W. maps. 4to.

105 — **Bongaerts, M. C. E.,** De scheiding van Maas en Waal onder verlegging van de. uitmonding der Maas naar den Amer. 's-Grav. 1909. W. 6 maps and pl. 4to. cloth.

106 — **Brunings, C.,** Rapport eener inspectie van de Maas bij Delfshaven. 1771. fol.

107 — **Commission hollando-belge,** instituée en vue d'étudier la canalisation de la Meuse mitoyenne. Rapport sur les travaux de la commission. (Texte francais-néerland.). La Haye, 1912. 1 vol. of text. royal 8vo. W. atlas of 22 maps and pl. large folio.

108 — **Emmen, J.,** Ontwerp (in opdracht van den Minister van Waterstaat) voor een oeververbinding over de Nieuwe Maas te Rotterdam. Amst. 1935. W. pl. 4to.

109 — **Groot, A. T. de,** en **A. R. Marinkelle,** De waterweg langs Rotterdam naar zee, 1866–1916. 's-Grav. 1916. W. 3 maps, 7 plans and 12 coloured pl. and numerous plain pl. royal 8vo.

110 — **Hingman, J. H.,** De Maas en de dijken van den Zuid-Hollandschen Waard in 1421. 's-Grav. 1885. W. large map.

111 — **Huet, A.,** De Nieuwe Waterweg van Rotterdam naar zee. 1872. W. map. — **E. Steuerwald,** De R'.sche waterweg. 1881. — **Voorloopig verslag** omtr. de verbetering van den waterweg langs R. naar zee. 1879, 80. 2 vols. W. 53 (of 60) maps. — **D. A. Wittop Koning,** Nog een woord over den R.'schen waterweg. 1881. W. map. — etc. Tog. 10 pieces 4to and 8vo.

112 — **Kanalisatie** van de Maas in Nederland. Verslag over de vorderingen in 1919 en balans per 31 Dec. 1919. Roermond, 1920. W. ill. 4to.
— The same in 1920 en balans per 31 Dec. 1920. Roermond. 1921. W. ill. et figg. 4to.

113 — **Konijnenburg, E. V.,** Scheiding van Maas en Waal. Beschrijving van den vroegeren waterstaatkund. toestand in N. Brabant, alsmede van de werken uitgevoerd

door de verlegging van den Maasmond. 's-Hertogenbosch, 1905. W. maps. and pl. 4to.

Werken van Prov. Gen. van N. Brabant. N. rks. 10.

114 **Maas, — Krayenhoff, C. R. T.,** Proeve van een ontwerp tot scheiding der rivieren de Waal en de Boven-Maas, en het doen aflopen op het Bergsche-Veld. Nijmegen, 1823. 4to.

115 — **Lely, C. W.,** Rapport betr. de verbetering van de Maas voor groote afvoeren. 's-Grav. 1926. W. 24 maps and tables. folio. boards.

116 — **Loot-cedul** van den hoogen Maasdijk van stad en lande van Heusden (1760–1762). Contemporary ms. of 316 pp. folio.

117 — **Mortel, J. B. H. van de,** Overzigt van den gebrekkigen staat der waterlossing van de Maaspolders en van de landen in de omstreken van 's-Hertogenbosch; in verband met het ... kanaal tusschen Grave en Geertruidenberg. 1848. W. map. — Nadere beschouwinge over ... een kanaal van Grave naar de Oude Maas. 1849. — **F. G. J. v. Rijckevorsel,** Bijdr. t. een nadere kennis van de waterlossing ... vervolg op het overzigt van van de Mortel. 1848. — etc. Tog. 6 pieces.

118 — —, **C. Schiffer, F. G. J. van Rijckevorsel e.a.,** Geschriften over de waterlossing van de Maaspolders bij 's-Hertogenbosch. 1848, 49. 5 pieces.

119 — **Ramaer, J. C.,** Hetgeen nog aan den Rotterdamschen Waterweg te verbeteren overblijft. 's-Grav. 1909. W. 10 pl. 4to. *Reprint.*

120 — **Rapport** over de verbetering van den waterweg van Rotterdam naar zee. 1858. W. 7 coloured maps. — **Eindverslag** van de Staatscommissie tot de verbetering van idem. 1880. W. 13 maps. and pl. — Tog. 2 vols. 4to. boards.

121 — **Reglementen** en instructien betr. den Hoogen Maasdyk der stad en landen van Heusden. 's-Hert. 1807.

122 — **Regout, P.,** (Geschriften over de Maas en de Zuidwillemsvaart). 1858–96. Tog. 12 pieces. fol. and 8vo.

123 — **Reuvens, L. A.,** De Maas-dijken in Gelderland en Noordbrabant, en de werken tot verbetering, enz. Arnhem, 1874. royal 8vo. W. atlas of 23 pl. folio. boards.

124 — — Graphische voorstelling van de waterkeeringshoogte der Maasdijken van de Geldersche en Noordbrabantsche polderdistricten en polders. Arnhem, 1877. Very large coloured map. In portfolio.

125 — **Steyn Parvé, D. J.,** Waarneming van de waterbeweging en de waterverdeeling op den waterweg van Rotterdam in 1885. 's-Hage, 1887. W. 35 maps and pl. 4to. hfcalf.

126 — **Verslag** over de vordering van de werken in de jaren 1924–28. Kanalisatie van de Maas in Nederland. 's-Grav. 1927–29. 3 vols. W. ill. 4to.

127 **Maps** of the great rivers,lakes, dikes, etc. of the Netherlands, 1691–1771. 110 pieces in chronological order. In 1 vol. large folio. hfvellum.

Very interesting collection. Several maps with augmentations in manuscript.

128 **Mees Azn., G.,** Histor. atlas van Noord-Neerland en zijn overzeesche bezittingen van de 16e eeuw tot heden. Rott. 1865. W. 14 coloured maps. fol. hfcalf.

129 **Merwede. — Kaerte** van de riviere de Merwede, van boven Hardincxvelt af, tot beneden de Bassekille toe, door A. de Vries. 1726. 82 × 26 cm.

130 — **Kaart** van een gedeelte der riviere de Merwede van deszelfs begin (als de samenkomst van Waal en Maas), tot beneden Hardinksveld, met de Oude Wiel en Killen. Gecopieerd uit de kaart van Cruquius 1729, door M. Bolstra. (1738). 61 × 46 cm.

131 — **Kaart** van de beneden rivier de Maas en de Merwede van de Noord Zee tot Hardinksveld. ca. 1745. 58 × 34 cm.

132 — **Caarte** ofte afteeckening van de rivier de Merwede van Gorinchem af benedenwaarts. ca. 1780. 84 × 53 cm.

133 — **Donker Curtius, W. B.,** Bijdragen tot de waterstaat der Nederlanden, in opzigt tot zeker ontwerp van J. Blanken tot afdamming der Merwede. M. Kort noodzakelijk vervolg. Dordrecht, 1819. 2 vols. W. map. boards.

134 — **Heurn, J. van,** De geschiedenis en de beschrijving der Merwedetakken beneden Dordrecht. Rott. 1893. W. 13 coloured maps. 4to.(Verhand. Bataafsch Genootschap).

135 **Merwede, — Remarques, Destructive,** op de aanmerkingen van Nic. Crucquius over den tegenwoord. sleghten toestand van de Merwede. No pl. 1731. folio.

136 — **Verslag** (van het) onderzoek der bezwaren in zake de Nieuwe Merwede. 's-Grav. 1870. W. 10 maps. 4to.

137 **Meyboom, P. I. M.,** Lijst van gedrukte kaarten voorhanden in het archief der genie van het Ministerie van Oorlog. 's-Grav. 1857. hfcloth.

138 **Miller, K.,** Die Peutingersche Tafel oder Weltkarte des Castorius. Mit kurzer Erklärung, 18 Kartenskizzen der überlieferten römischen Reisewege. Stuttgart, 1929. square 4to.

139 **Muller, C.,** Algem. kaart van het koningrijk der Nederlanden. 's-Grav. 1816. 1 coloured sheet, mounted on cloth. 128 × 190 cm. In case.

140 **Nooten, N. F. van,** De wetgeving op de waterschappen, dijk en polderbesturen. Schoonh. 1879.

141 **Norlind, A.,** Die geographische Entwicklung des Rheindeltas bis um das Jahr 1500. Hist.-geogr. Studie. Lund, Amst. 1912.

142 **Nota** over de waarneming van het slibgehalte in de Nederl. rivieren en stroomen, gedurende 1881–85. 's-Grav. 1884–86. 5 vols. W. 8 large maps and pl. 4to. boards.

143 **Overzicht** der scheepvaartwegen in Nederland, met overzichtskaarten schetskaarten 6e (laatste) uitg. 's-Grav. 1917. 4to. boards.

144 **Overzicht, Tienjarig,** der waargenomen waterhoogten langs de Nederlandsche hoofdrivieren, de Zeeuwsche stroomen, de Noordzee, de Zuiderzee, de Wadden en de kleine rivieren. 1901–1910. ('s-Grav. 1941). large folio. boards.

145 **Quarles van Ufford, J.,** Handleiding voor de vaststelling der nieuwe waterschapsreglementen. 's-Grav. 1851. hfcloth.

146 **Ramaer, J. C.,** Geographische geschiedenis van Holland bezuiden de Lek en Nieuwe Maas in de Middeleeuwen. Amst. 1899. W. maps. hfcalf. (Binding damaged). (Akad).

Excellent work.

147 **Rechteren, J. H. van,** Staat van den Rijn, de Waal, de Maas en den IJssel en de langs deze rivieren gelegen polders. Nijmegen, 1830. W. coloured pl. 4to. boards.

148 **Reglement** voor de droogmaking van den Schinkelpolder onder Aalsmeer. 1857. — **Keure** op het onderhoud der dijken, vaarten en slooten gelegen in Assendelft. Zaandam, 1845. — **Reglement** voor het hoogheemraadschap van den Alblasserwaard met Arkel beneden de Zouwe. Gorkum 1889. — **Reglement** voor het bestuur over het hoog-heemraadschap van den Hondsbossche en Duinen tot Petten. Alkmaar, 1841. — **Verordeningen** van het waterschap de Purmer, 1861. — **Instelling, De,** van het heemraadschap van Nieuwer-Amstel. Amst. 1890. etc. Tog. 10 pieces.

149 **Rhine. — Kaart** van den loop der rivieren de Rhijn, de Leck, de Whaal enz. behorende bij de schets van een ontwerp, bevattende de middelen die zullen strekken tot afwending van gevaren voor de polders en verbetering der rivieren. Nijmegen, 1830. 87 × 27 cm. colored.

150 — **Kaart** van de nieuwelijx gegraavene doorvaart bij Panderen getrokken van de Waal in den Rijn. ca. 1760. 25 × 33 cm. coloured.

151 — **Kaart** van de Nederrhyn en Leck stroom, van de stad Arnhem, tot aan het Oudslykerveer beneden de stad Culemborg, door J. Engelsman en F. W. Conrad. 1793. 100 × 31 cm.

152 — **Andreae, S. J. Fockema,** De Oude Rijn. Eigendom van openbaar water in Nederland. Leiden, 1934. W. map. *Reprint.*

153 — **Beyerinck, F.,** Rivierkundige verhandeling, van C. Velsen ... dat de oorzaak van den onmaatigen toevloed van water, der rivieren der Neder-Rhyn, Geld. IJssel en Lek ... gesoght is bij ... het Pannerdensche Canaal. Maar ... alleen bij den Ouden-Rhijn te vinden is. Arnhem, 1770.

154 — **Conventie** over het toemaacken en verswaaren van den dyck tussen Wageningen ende de Grebbe. Utrecht, 1727. herdruk 1845. 4to.

155 — **Extract** uyt de Resolutien van de Staten van Holland en Westvriesland, 13 Jan. 1762, betr. het Pandersche canaal, Noorder Lekdijken, enz. No pl. 1762. W. pl. folio.

156 **Rhine.— Memorie** over den Neder-Rhyn en IJssel. No. pl. (ca. 1766). fol.
157 — **(Passavant, G., en H. van Linden),** Voorgeslage middelen tot verdieping van de Nederrijn en IJssel. No pl. 1699. W. 6 maps. folio.
158 — **(Schoebbelie),** Stroomsnelheidsmetingen op de rivieren den Boven-Rijn en zijne takken en de Boven-Maas in de jaren 1875–1877. 's-Grav. 1878. W. pl. royal 4to. hfcloth.
159 — **Staal, J.,** Hollands en Utrechts ondergang nabij, door het Panderse Canaal, en de Lecq, indien die rivier niet van opperwater word ontlast. Gouda, 1751.
160 — **Stieltjes, T. J.** en **W. Staring,** De Rijn-Wezer-vaart. Zwolle, 1850. W. map. sm. 8vo.
161 — **Verzameling** van rapporten, verbaalen enz. betr. de doorsnijdingen en werken, welken sedert de conventie van 1771 op de Boven-rivieren, tusschen Emmerik en Arnhem zijn aangelegd. Den Haag, 1798. 2 vols. folio. hfcalf. W. map and atlas of 13 maps and pl. large folio. boards.
162 — **Wijck, H. J. van der,** Aanmerk. op een ontwerp tot sluiting van den Neder-Rhijn en Leck. Amst. 1823. 4to.
163 **Roell, J.,** Onderzoek naar het algem. en het bijz. bestuur van den waterstaat in Nederland van 1795–1848. Utrecht, 1866.
164 **Scheltema, F. G.,** Overheidszorg voor waterstaatszaken. Gron. 1916.
165 **Schilthuis, G. J. C.,** Waterschapsrecht. Alphen, 1947. cloth. (577 pp.).
Standardwork.
166 **Schuiling, R.,** Nederland. Handboek der aardrijkskunde. Met medewerking van H. J. Moerman en G. J. A. Mulder. 6e dr. Zwolle, 1934–38. 3 vols. W. maps and ill.
167 **Sonsbeeck, H. van,** Bijdrage ter regeling van het beheer der dijk- en polder-besturen en van de conflicten van attributie. Zwolle, 1841.
168 **Staring, W. C. H.,** De Nederlandsche wateren, Arnhem, 1847.
169 **Toorn, J. van der,** Over de schorren, aanwassen en kwelders in Nederland. Haarlem, 1865.
170 **Veeren, F. E. L.,** Hydrologische gesteldheid van de Nederlandschen bodem. Zwolle, 1907. 4to.
171 **Velsen, C.,** Rivierkundige verhandeling ... toepassel. gemaakt op ... den Rhyn, de Maas, de Waal, de Merwede en de Lek. Amst. 1749. W. map. vellum.
172 **Venema, G. A.,** Nieuwe en eenvoudige verklaring van de veranderingen, die de kusten van ons land langs de zee, de wadden, de zeeboezems en groote stroomen ondergaan. Gron. 1849.
173 **Verhandelingen, Rivierkundige.** 1750–1775. 7 pieces 1 vol. vellum.
Onzijdige gedagten over de Aanmerkingen over de Rhijntakken en Memorie over de Nederrhijn en IJssel. — F. Beyerinck, De rivierkund. verhandel. van C. Velsen 1770. — de Pagniet, Het Pandersche Canaal. 1771. — N. Boom, De doorsnijding tusschen Leck en Merwede. 1754. W. map. enz.
174 **Verhandelingen, Rivierkundige.** 1772–76. 11 pieces. W. maps and pl. In 1 vol. calf.
M. van Barnevelt, Rivierkund. waarnemingen ter voorkoming van overstroomingen in Gelderland en Holland. 1773. — S. Anemaat, Aanmerk. over den Hoek van Holland. (ca. 1775). — C. Redelijkheid, Middel tot verzekering der sluizen etc. 1776. — Id., Ont werp om de stank der wateren in 's Gravenhage te voorkomen. 1773. M. Beantwoording en Oplossing. — etc.
175 **Verslag** van de commissie tot onderzoek naar de mate waarin water onder verschillende drukhoogte door zandmassa's ... stroomt. Amst. 1887. W. 7 pl. 4to.
176 **Verslag** der staatscommissie benoemd ... 1893 tot het instellen van een onderzoek omtrent bevloeiingen. 's-Grav. 1897. 4to. W. atlas of 22 maps and pl. large folio. — Tog. 2 vols. boards.
177 **Verslag** van de werkzaamheden tot zamenstelling der groote kaart van de hoofdrivieren in Nederland, onder leiding van L. J. A. van der Kun, met bijl. en bijv. 's-Grav. 1855, 60;. 2 vols. W. pl. large folio.
178 **Versluys, J.,** en **J. F. Steenhuis,** Hydrologische bibliographie van Nederland. Amst. 1915.
179 **Vogelsang, R. A.,** Het stemrecht in onze waterschappen. Leiden, 1884.

180 **Voies de navigation, Les,** dans le royaume des Pays-Bas. La Haye, 1890. W. 5 coloured pl. 4to. boards.

181 **Vries, E. de,** Toezicht van hooger gezag op de waterschappen volgens hunne reglementen. 's-Grav. 1880.

182 **Waal.** — **Rapport** en bijlagen A, B, C, I, K, L en M van de commissie van deskundigen inzake de verhooging van den waterspiegel op de Waal door de afsluiting van de Heerewaardsche Overlaten. Arnhem, 1896. W. pl. folio. hfcalf.

183 — **Scherpenzeel Heusch, T. van,** Het stelsel van wateropvoering te Dreumel. Nijmegen, 1847. W. 2 pl.

184 — **Verslag** over den verhoogden waterspiegel op de Waal en Merwede. 's-Grav. 1848. W. pl. 4to. boards.

185 **Water, bodem, lucht.** Orgaan van de Nederlandsche Vereeniging tegen water-, bodem- en luchtverontreiniging. Apeldoorn, 1914–'44. Year 4–33 and 34 part. 1–3. In 28 vols. boards and 3 vols. in parts.

186 **Wegwijzer** voor de binnenscheepvaart. I. Noordoostelijk Nederland. 3e dr. 's-Grav. 1939. — II. Zuidelijk Nederland. 2e dr. 's-Grav. 1932. M. aanvullingen blad 1. (1936). — III. Noordwestelijk en Westelijk Midden Nederland. 2e dr. 's-Grav. 1934. M. aanvullingsblad 1. (1937). — Tog. 3 vols. cloth. W. 3 portfolios of maps. (the 2 suppl. sewed).

Complete collection. Last editions.

187 **Wetten,** decreten en besluiten op den waterstaat en de spoorwegen in Nederland, 1669–1857. M. 1e –82e vervolg. 1858–1947. Verzam. d. J. F. Boogaard e.a. 's-Grav. 1852–1927. W. index to 1669–1922. Tog. 78 vols.

Vols. 63–72 are missing.

188 **Woordenlijst** van de aardrijkskundige namen in Nederland. Herz. d. J. F. Hoekstra. 5e dr. Amst. 1930. bound.

RIVERS, CANALS, POLDERS, ETC.

(arranged after provinces)

Friesland

189 **Beucker, Andreae J. H.,** De onderhoudsplicht van vaarten en waterleidingen onder beheer van gemeenten in Friesland. Leeuw. 1898. cloth.

190 **Blom, Ph. van,** De alde friske wetten oer de sëdiken. Leeuwarden, 1863.

191 **Boer, J. K. de,** Bijdrage der dijkpligtigheid in Friesland, inzonderheid met betrekking tot Oostergoo. Utrecht, 1868. hfcloth.

192 **Brouwer Pzn., P.** en **W. Eekhoff,** Nasporingen betrekkelijk de geschiedenis der voormalige Middelzee in Friesland. Leeuwarden, 1834. W. map.
Added: Ottema, J. G., Het meer Flevo ende Middelzee, of blikken op de wartaal van M. de Haan Hettema. Leeuw. 1854.

193 **Buma, J. Minnema,** Geschiedenis van het dijkrecht in Friesland, inz. de contributie der vijf deelen. Leyden, 1853.

194 **Draisma de Vries, A.,** De wadden polders. M. naschrift. Leeuw. 1921. W. 12 pl. boards.

195 **Jaarsma, W.,** De Friesche zeeweringen van 1825 tot 1925. Leeuw. 1933. W. map. boards.

196 **Lorié, J.,** Middelzee en Westergoo. Leiden, 1922, 23. — **Id.,** nog eens „Middelzee en Westergoo". Leiden, 1923. — Ens. 2 pieces. W. map. *Reprint.*

197 **Lycklama à Nyeholt, J. A.,** Verbetering van Frieslands watertoestand. Leeuw. 1869. W. map. Frieslands waterstaat en landbouw. 1871. — **Pasma, H.,** Frieslands boezemwater in zijn aanvoer, doorvoer en afvoer. Heerenveen, 1868. — **Frieslands boezemwater** ... en de wenschelijkheid eener indijking van de Zuiderzee, Wadden en Lauwerzee. Leeuw. 1870.

199 **Peyma, W. van,** De beste wijze van aanleggen van zeedijken, bijz. m. betr. tot Vriesland. Franeker, 1827. W. 1 pl. boards.

200 **Prakken, C. J.,** De wetgeving der Prov. Staten van Friesland t.o. v. de zeewaterkeerende waterschappen na 1850. 's-Grav. 1883.

201 **Rapport** der commissie uit de Staten van Friesland, belast met het onderzoek naar de regtspleging van sommige waterschappen. Leeuw. 1855.

202 **Rapport** over de in 1872 gedane voorstellen ter voorziening in eenige waterstaatsbelangen in Friesland. Leeuw. 1873.

203 **Register** van peilschalen, hakkelbouten en andere verkenmerken in de provincie Friesland. Leeuw. 1872. hfcloth.

204 **Teding van Berkhout, P. J. W.,** De landaanwinning op de Friesche wadden. Zwolle, 1867. W. 3 maps.

205 **Vegelin van Claerbergen, J.,** Vertoog over de veengraverijen. Leeuw. 1766. — Remonstrantie aan de Staten van Friesland over het regt van vergraving der laage veenen. Leeuw. 1766. — **Gerlsma, J.,** Consideratie op de veengraverye in Friesland. Leeuw. 1766. — **Oneides, H.,** Middelweg in 't stuk der veengraverij. Leeuw. 1766. — **Zeedige aanmerkingen** over de veengraveryen. Leeuw. 1766.

206 **Ameland. — Peyma, W. v.,** De aansluiting van Ameland aan den Vrieschen wal en de opslijking van het wad. Leeuw. 1850. W. map and 3 pl. boards.

207 **Bildt. — Schetskaart** van het waterschap „Het Bildt". Schaal 1 : 25000. (1852). 1911. 63 × 57 cm.

208 **Hindelopen.** — **Postma, O.,** De gemeene scharren van Hindelopen en Molkwerum. Leeuwarden, ca. 1930. W. map. *Reprint.*
209 **Linde, De.** — **Veeren, F. E. L.,** De rivier de Linde en haar stroomgebied boven de oldeberkoopster draaibrug. Leiden, 1904. *Reprint.*
Added: VOORSTELLEN betrekkelijk de verbetering van de rivieren de Tjonger en de Linde. Leeuw., 1863.
210 **Schiermonnikoog.** — **Buma, W. W.,** Schiermonnikoog-de Lauwers-de Scholbalg. 1872. W. 1 facs.
211 — **Westerhoff, R.,** Nog eenige bladzijden betrekkelijk de geschiedenis van Schiermonniken-oog en van de Lauwers. Gron. 1872.
212 **Tjeuke Meer.** — **Plan** van droogmaking van het Tjeeuwke Meer. Heerenveen, 1856.
213 **Vijf Deelen.** — **Hey, A.,** De zeedijken in het algemeen, en die der Vijf Deelen in het bijzonder. Harlingen, 1777. W. pl. — De Vijfdeelsdijken van Vriesland. Franeker, 1778. — **Camper, P.,** Brief aan Karel George, graave van Wassenaar van de onbestaanbaarheid der vak- en steenwerken aan de Vijfdeels-dijken in Friesland. Amst., 1777. — **Ypey, A.,** Brief aan den eigen-erfden in een der Vijf Deelen. Harlingen, 1778. Tog. 4 vols. in 1. orig. boards.
214 **Wymbritseradeels.** — **Priester, E.,** Beknopte geschiedenis van Wymbritseradeels cum annexis contributie zeedijken. Met naamlijst der zeedijkofficieren. Sneek, 1915.

Groningen

215 **Allard, C.,** Dominii Groningae nec non maximae partis Drentiae novissima delineatio. ca. 1705. 56 × 47 cm. colored.
216 **Kaart** van de provincie Groningen met aanduiding van de grondgesteldheid en den waterstaat, door I. A. Smit van der Vegt. 1837. 93 × 68 cm. colored.
217 **Acker Stratingh, G.,** Twee hoofdstukken uit de geschiedenis van ons dijkwezen (van R. Westhoff) herzien. Gron. 1866. *Reprint.*
218 **Beijerinck, M. G.,** Toepasselijkheid der theorien omtrent de beweging des waters in kanalen op de vermogens der rivieren in het noorden van Nederland. Amst. 1829. 2 maps. 4to. (Akadi).
219 **Feith, J. A.,** Catalogus der inventarissen van de archieven der voormalige zijlvestenijen en dijkrechten in de prov. Groningen. Gron. 1901. hfcloth.
220 **Geertsema, C. C.,** De zeeweringen, waterschappen en polders in Groningen. Groningen, 1898. 8vo. W. Atlas. 4to.
221 **Kanaalplannen, De,** Groningen-Zuiderzee. Lemmer, 1932. W. map. — **Blaupot ten Cate, D. H. S.,** Beschouwingen over de verbetering van de waterstanden op het Stadskanaal. W. plan. Gron. no d. — **Venema, G. A.,** Ontwerp voor het waterpassen van -en het waarhemen der waterstanden in de prov. Gron. Gron. 1855. — THE SAME. Kunstwegen in de prov. Gron. No pl. no d.
222 **Kanalisatie** in de prov. Groningen. Verzameling van 15 geschriften. fol. en 8vo. 1817—68. Tog. 15 pieces.
N. J. VAN DER LEE, Ontwerp bevaarbaarmaken v. h. Reitdiep voor groote zeeschepen. — RAPPORT over het Ontwerp. — STUKKEN betr. het Ontwerp ter afsluit. v. h. Reitdiep. Met 1e en 2e Vervolg. — J. VAN CLEEFF, Het Reit- of Loopende diep in desz. tegenw. toestand. — W. W. BUMA, Antwoord aan D. H. Andreae betr. de afsluit. v. h. Reitdiep. — RAPPORT en Voorstel inzake de gedeelt. inpoldering der Lauwerzee. — etc.
223 **Kooper, J.,** Het waterstaatsverleden van de provincie Groningen. Gron. 1939. W. 10 maps. royal 8vo. cloth.
224 **Loon, E. van,** Grondreglement voor de waterschappen in de prov. Groningen. Groningen, 1898, 1900. 2 vols. boards.
225 **Sybenga, S.,** De rechtstoestand der polders in Groningen. Gron. 1897.
226 **Venema, G. A.,** Bijdragen tot de kennis van de aardrijkskundige gesteldheid der prov. Groningen. Gron. 1856. *Reprint.* — Bijdragen tot de hydrographie van de prov. Groningen. Gron. 1856. *Reprint.* — **Staten** der molenkoloniën gelegen tusschen het Reitdiep en het Damsterdiep, enz. in de prov. Groningen. Gron. 1857. In 1 vol. hfcalf.

227 **Westerhoff, R.,** Twee hoofdstukken uit de geschiedenis van ons dijkwezen, inzonderheid betrekkelijk de provincien Groningen en Friesland. Gron. 1864. hfcloth.

228 **Delfzijl. — Verslag** der commissie (H. Wortman e. a.) in zake verbetering van de haven van Delfzijl. 's-Grav. 1917. W. 6 pl. fol. boards.
Added: ONTWERP voor de verbetering enz. 1930. W. map.

229 **Dollard. — Maschhaupt, J. G.,** Onderzoek naar de gesteldheid van den bodem in den Dollard met het oog op inpoldering. 's-Grav. 1923. W. plan. *Reprint*.
Added: VENEMA, G. A., Beschouwing van de veelzijdige voordeelen van eene inpoldering van een gedeelte van den Dollard. No pl. no d. *Reprint*.

230 — **Ramaer, J. C.,** De vorming van den Dollart en de terpen in Nederland, in verband met de geographische geschiedenis van ons polderland. Leiden, 1909. W. 2 maps. *Reprint*.

231 — **Stratingh, G. A.,** en **G. A. Venema,** De Dollard, of geschied-, aardrijks- en natuurkund. beschrijving van dezen boezem der Eems. Gron. 1855. W. 3 maps. hfcloth
Very scarce.

232 **Hoornsche Diep. — Escher, G. A.,** Verslag(en) betr. het Hoornschc Diep (en) het Peizerdiep in de prov. Groningen. Leeuwarden, 1896. 2 pieces. W. 2 maps. royal 4to. boards.

233 **Hunsingo. — Reglement** voor het waterschap Hunsingo. Gron. 1856. — **Wierda, H. W.,** Hunzingo. Beschouwingen over en ten aanzien van dat waterschap. Gron. 1859.

234 **Lauwerzee. — Andreae, A. J.,** De Lauwerzee in wording, omvang en bedijkingen. Leeuwarden, 1881. W. map. boards.
Added: S. ELLENS, Lauwerzee-plannen 1909. W. map. — J. H. RIEMERSMA, De Lauwerszee. 1901. — Tog. 3 pieces.

235 — **Verslag** van een onderzoek in zake de indijking der Lauwerzee in verband met de afstrooming van boezemwater in Friesland en Groningen. Leeuw. 1900. W. maps. 4to. boards.

236 — **Verslag** van een nader onderzoek in zake de indijking der Lauwerzee in verband enz. Groningen, 1904. 1 vol. folio. cloth. W. 23 maps and pl. in portfolio. cloth.

237 — **Rapport** der commissie uit de Staten der prov. Gron. over de indijking en droogmaking der Lauwerzee en een gedeelte der wadden. No pl. 1849.

238 **Oldambt. — Rapport** betr. de verbetering van de uitwatering van het waterschap Old-Ambt. (Utrecht, 1903). 2 pieces. W. 3 plans. folio.

239 — **Venema, G. A.,** De bodem van het Oldambt en Westerwolde. Deventer, 1865. W. pl. 2 parts in 1 vol. cloth. *Reprint*.

240 **Ommelanden. — Copie** van de consideratien op 18 Oct. 1754 ter examinatie der zijlvestenien enz. van de Ommelanden. Groningen, 1891.

241 — **Geertsema, C. C.** De zijlvestenijen in de Gron. Ommelanden. Gron. 1879.

242 **Schuitendiep. — Stukken, Echte,** rakende de Oostermoersche scheepsvaart van ouds het Schuitendiep genaamt, met den aankleve van dien, gelegen in Drenthe. Groningen, W. Kamerling, 1795.

243 **Westerkwartier. — Balen, T. v.,** Beschouwingen over het waterschap „Westerkwartier". Groningen, 1872.

244 **Westerwolde. — Sijpkens, J.,** Bijdrage tot de geschiedenis van de waterstaatstoestanden van Westerwolde. Groningen, 1924. W. map.

Drenthe

245 **Kommers, Pz. A.,** De ontworpene kanalisatie van Drenthe. Gron. 1847. W. map.

246 **Barger. — Kaart** van het waterschap Barger-Oosterveen. Gemeente Emmen, sectie 1. Schaal 1 : 20 000. ca. 1900. mounted on cloth.

247 **Hoogeveensche Vaart. — Gelinck, W. C. C.,** Rapport inz. de bemaling van de Hoogeveensche vaart. Groningen, 1912. W. maps. folio. boards.

248 **Ruinerwold. — Derks, P. A.,** Het waterschap Ruinerwold. Meppel, 1871.

Overijsel

249 **Have, N. ten** en **J. de Lat,** Transisalania provincia vulgo Overijssel. 1743. 105 × 85 cm.
Colored copy of this important map.
250 **Beschrijving** van de prov. Overijssel. behoorende bij de Waterstaatskaart. 's-Grav. 1937. W. map. cloth.
252 **Deventer H.Azn., I. van,** Memorie betr. de dijks- en polderdistricten in Overijssel met het oog op desz. geldmiddelen. Zwolle, 1858. W. map. 4to. boards.
253 **Overijsselsche waterwegen. — Deking Dura, A.,** Een en ander over de afwatering in Overijsel. 1e gedeelte. 's-Grav. 1919. — **Stieltjes, T. J.,** De Overijsselsche waterwegen. Zwolle, 1855. — **Id.** De scheepvaart in Salland en Twenthe. Zwolle, 1847. — **Diggelen, B. P. G. van,** Verhandeling over de verbetering van het Zwolsche Diep. Zwolle, 1843. etc. Tog. 15 pieces.
254 — **Staring, W.,** en **T. J. Stieltjes,** De scheepvaart in Salland en Twenthe. W. 2 maps. — De Overijsselsche wateren. W. map 1 : 100 000 on cloth, in case. — Zwolle, 1847, 48. 2 pieces. sm. 8vo.
255 **Dedemsvaart. — Teixeira de Mattos, L. F.,** De Dedemsvaart. M. voorwoord van A. Deking Dura. Zwolle, 1908. W. portr. royal 8vo. boards. Atlas W. of 17 maps. square 4to. In portfolio.
256 **Regge, De. — IJzerman, M. J.,** Waterschap „de Regge". Zwolle, 1934. W. 3 maps and ill.
Added: Rapport van de opheffing der vervuiling van de wateren in het stroomgebied van de Regge. Almelo, 1935. W. 2 fold. maps. folio.
257 **Twente-kanaal. — Hasselt, J. van,** en **de Koning,** Rapport (over de) kanaalverbinding van Twente en Winterswijk met den IJssel bij Zutphen. Nijm. 1913. W. 3 large maps. 4to. bound.
258 — — Twentsch kanalenplan. Ontwerp voor de verbetering van de kanalen naar de Pruisische grens en voor een verbinding van Enschede, Hengelo en Oldenzaal. Almelo, 1914. W. coloured maps. 4to. boards.
259 — **Verslag** der staatscommissie (C. A. Jolles e.a.) voor een kanaal naar Twenthe. 's-Grav. 1917. 2 vols. W. pl. folio. boards and sewed.
260 **Vecht, De. — Dedem, A. van,** De Vecht in verband met het Coevorder—Vechtkanaal, ben. opmerkingen betr. het verbeteren der zoogen. kleine rivieren. Zwolle, 1887. W. folding map.
261 **Vollenhove. — Bemaling, Partiëele,** (van het waterschap) Vollenhove. Zwolle, 1921. W. map. 4to.
262 — **Hasselt, J. van** en **de Koning,** Rapport over de waterstaatkund. toestand van het Waterschap van Vollenhove. M. 10 bijl. Nijmegen, (1912). 4to.
263 — **Verslag** der commissie voor de partiëele bemaling van het Waterschap Vollenhove. Zwolle, 1925. W. large map. 4to.
264 **Zwartsluis. — Deking Dura, A.,** en **J. P. Hofstede,** Verbetering van den waterafvoer bij Zwartsluis naar zee. M. bijl. Zwolle, 1898. 2 vols. folio. boards.
265 **Zwolsche Diep. — Collection** of 17 tracts. 1843–77. W. maps.
Tracts by B. P. G. van Diggelen, L. Oldenhuis Gratama, W. J. Schuttevaêr, B. W. A. E. Sloet tot Oldhuis a.o.
266 — **Verslag** der staatscommissie omtr. verbetering van het Zwolsche Diep. 's-Grav. 1879. W. maps. 4to. boards.

Utrecht

267 **Du Roy, B.,** Nieuwe kaart van den lande van Utrecht, volgens orde van d'Ed. M. Heeren Staten ... doen meten en in kaart brengen. Amst., J. Covens en C. Mortier. (ca. 1725). imp. square folio.
Cartographical monument; the sheets meas. together 163 × 223 cm. The map consists of 10 sheets and 1 complem. sheet, 2 sheets for the title and 14 coats of arms and 1½ sheet cont. 5 very fine views of Utrecht, Amersfoort, Montfoort, Rhenen, Wijk bij Duurstede, engrav. by T. Doesburgh.
Very clean copy.

268 **Duval Slothouwer, G. C.,** De wetgeving der waterschappen in het bijzonder in de provincie Utrecht. Utrecht, 1905.

269 **Gegevens** betr. de hydrolog. gesteldheid van den bodem der prov. Utrecht. Verz. d. Ch. H. Ali Cohen, H. P. Kapteyn, e.a. Zwolle, 1910.

270 **Ordonnantie** op 't schouwen van de heer-wegen, dijcken, straten, Ec in den Gestichte ende Lande van Utrecht. Utrecht, 1700. 4to.

271 **Rijckevorsel, P. A. M. V. O. v.,** De hoogheemraadschappen en waterschappen in Utrecht. Utrecht, 1846. Deel I (alles wat verscheen) boardts.

272 **Rijn, K. van,** Schut- uitwatering-, en inundatiesluizen in de provincie Utrecht. Utrecht, 1887. — **Obreen, A. L. H.,** De Utrechtsch-Noord-Hollandsche Vecht. Delft, 1904. *Reprint.* — **Voorwaarden** en bepalingen, waarnaar door de directie der derde bedijking tot droogmaking, polder Boshaven ... zullen worden verkocht, de drooggemaakte landen en ringdijken der gezegde bedijking. No pl. 1864.

273 **Slothouwer, G. C. Duval,** De wetgeving der waterschappen in het bijz. in de prov. Utrecht. 1905. cloth.

274 **Verslag,** van den inspecteur der archieven van gemeenten, waterschappen, veenschappen enz. in de provincie Utrecht, over het jaar 1922. Utrecht, 1923. Typewritten.

275 **Verslag** omtr. het vraagstuk der droogmaking van de plassen beoosten de Vecht. Utrecht, 1920. W. maps. Tog. 2 vols. folio.

276 **Bijleveld. — Pabst, B. G. A.,** De hydrarchia Bijleveld. Ultr. 1836. W. 2 large maps and 11 pl. hfcloth.

At the end: Handvesten van Bijleveld. — Naamlijst der dijk- en watergraven en hoogheemraden, 1437–1835. — Naamlijst der kameraars, 1054–1827.

277 **Eem. — (Asch van Wijck, H. M. A. J. van),** Proeve over den ouden loop van de rivier de Eem. Utrecht, 1832.

278 — **Leeuw, J. van der,** Het heemraadschap de rivier de Eem, beken en aankleve van dien sedert 1616 tot heden. Amersfoort, 1902. boards.

279 — **(Meyster, E.),** Deductie ofte bewijsselijcke bedenking: belangende d'Eemsche zee-vaerd op Stichts bodem nut-dienstelijk te graven. Uytrecht, 1670. 4to.

280 **Eemland. — Kaarte** van de polders der Eemlandtsche leege landen, etc. 1666. Door B. D. van Groenou. In 4 sheets, each meas. 48 × 40 cm.

Very scarce map, with the coats of arms of the „Hoogheemraden" Camerbeek, Nierop, Oudendoe, van Goudoever, van Middendorp, de Beer.
With a poem by Everard Meister.

281 **Heycop. — Ittersum, F. A. R. A. van,** Het waterschap „Heycop" genaamd „De lange Vliet" voorheen en thans. Utrecht, (1900). W. 2 colored maps. boards.

282 **Hoogland. — Archief, Het,** van het collegie van de malen op het Hoogland buiten Amersfoort. (Uitgeg. d. J. F. X. van den Bergh). 's-Grav. 1898. 3 vols. and 1 portfolio of 3 maps. cloth.

III, IV. Reeckeningen voor de geërfden van de malen op 't Hoogbelandt, 1552–1890. Nos. VII–XV. — V. Schouwbrieven. — 3. Kadastrale kaarten der Malen landen.
All published.

283 **Lopiker Waard. — Landkaarte, Generaale,** van den Loopicker-Waard, gelegen tusschen beyde de rivieren van Leck en IJssel, door D. W. C. Hattinga. Met korte beschryving der heerlickheden, enz. Amst. 1771. In 3 sheets, each meas. 54 × 83 cm.

284 **Renswoude. — Ordre** ende reglement over den Slaper-dyck, bij Renswoude. Utrecht, J. van Paddenburg, 1711. 4to.

285 **Utrecht. — Rapport** in zake verbetering der waterverversching in de gemeente Utrecht. No pl. 1897. W. 4 pl. folio.

286 **Vecht, De. — Ontwerp** om het soetwater uyt de riviere de Vegt op driederley wijse te bringen binnen Amsterdam mitsg. fonteynen te maken. Amst. 1648. W. map. 4to. (Titlepage stained).

287 — **Ortt van Schonauwen, J.,** De verbinding van de Vecht en de Eem, door middel van doortrekking van het Tienhovensche Kanaal. Utrecht, 1857. W. map.

Added: Verzameling van offic. stukken, betr. de Vecht. 1889.

288 **IJsselstein. — Handschrift** bevattende landbrieven, dijkbrieven enz. betreff. het land van IJsselstein, ca. 1625. 77 leaves. 4to.

Verhaal van een doorbraak in den Lekdijk 1513. — De lantbrief en onderscheidene ordonnantien op de regering en justitie in den Lande van IJsselstein. — Copye van den dyckbrief van Lopickerwaert 1454. — Keuren staende in Schieringe 1595. — Ordonnantie van den E. Leenhove by Heer Floris van Egmond, 1533 etc.

Gelderland

289 **Barnevelt, M.,** Rivierkund. waarneemingen. Middelen ter voorkoming van overstroomingen der rivieren in Gelderland en Holland. Amst. 1773. W. map.

290 **Brouwer, A. G.,** Dringende behoefte van dijk- en polderzaken in Gelderland aan eene grondwettige herstelling. Zalt Bommel, 1842. boards.

291 **Drinkwatervoorziening, De,** voor oostelijk Gelderland. 1911. — **Plan** eener drinkwaterleiding in het Noord-westelijk deel van Noord-Brabant. Breda, 1911.

292 **Gellicum, R. M. van,** Histor. staatsrechtelijk onderzoek over het bestuur en beheer der watergangen in de Geldersche rivierpolderlanden. Tiel, 1895.

293 **Kaart** van den loop der rivieren de Rhyn, de Maas, de Waal, de Merwe, en de Lek, door de provincien van Gelderland, Holland en Utrecht. door C. Velsen. Amst., I. Tirion, ca. 1752. 46 × 27 cm. coloured mounted on cloth.

On the margins communications in a fine handwriting on floods in these regions.

294 **Kolff, M.,** Histor.-staatsregtel. onderzoek over de dijkpligtigheid in Gelderland. Tiel, 1870.

295 — Artikelen 1–373 van het reglement op het beheer der rivierpolders in Gelderland. Tiel, 1890.

296 **Pannekoek van Rheden, J. J.,** Eene bijdrage tot onze kennis omtrent de geologische geschiedenis der Geldersche vallei. 's-Grav. 1939. — Map of the pre-pleistocene subsoil of South-Limburg. 1929. — Riverbuilt levees in the Betuwe. 's-Grav. 1936. 5 pieces. 4to. and 8vo. *Reprints.*

297 **Reglement** op het beheer der rivierpolders in Gelderland. 1892. M. wijziging. 1902. (Arnhem), 1893, 1903. boards.

Prov. blad van Gelderland. 1893, no. 74; 1903, no. 22.

298 **Reuvens, L. A.,** Graphische voorstelling van de waterkund. hoogte der Waal- en Rijndijken in Gelderland. Arnhem, (ca. 1870). 2 large maps in 2 portfolios.

299 — De Waal- en Rijn-dijken der polderdistricten in Gelderland en de werken tot verbeter. der daarlangs gelegen rivieren met register van dijkshoogten, enz. Arnhem, 1871. royal 8vo. W. atlas of 38 coloured sheets. folio. boards.

300 **Sloet, L. A. J. W.,** Bijdragen tot de kennis van Gelderland: grondgebied, bodem, wateren en polders. Arnhem, 1852–55. W. 1. pl. hfcalf. (back damaged).

301 **Thieme, H. C. A.,** De imperantis circa aggeres in Gelria jure. Arnhem, 1843.

302 **Thooft, J. G.,** De oneribus aggerum in Gelria. Lugd. Bat. 1847.

303 **Thooft, M. J.,** Onderhoud en afkoop van dijk-, krib- en waterwerken in Gelderland. Zaltbommel, 1895.

304 **Werken aan de bovenrivieren.** ca. 1775. Collection of 13 maps. large folio. hfcloth.

This important collection contains:

1. Beijerinck, M. en H. van Straalen, Plan van het nieuwe kanaal door den eersten Bylandschen nu Hollandschen Waard. 1777.
2. Straalen, H. van, Plan van het nieuwe kanaal door den eertijds Bylandschen nu Holl. Waard. 1777. 2 maps.
3. Beijerinck, F., M. Bolstra, M. Beijerinck en H. van Straalen, Kaart of platte grondtekening van den nieuwen IJssel-mond door de Pley. 1777.
4. Beijerinck, F., Kaart.... van de Boven Rhyn, van Emmerik, langs het Spyk, 1772.
5. Beijerinck, F., Kaart vertoonende de waare gedaante van den Bylandschen Waard 1770.
6. Beijerinck, M., en H. van Straalen, Gemeeten kaart van de rivier de Waal beginnende even boven de scheiding van het Kekensche en Bimmensche, 1777.
7. Sidem, Kaart van de rivier de Waal met de wederzijdsche oevers, zoo van het Millingsche Schaar als Kijf en Pannerdenschen Waard, 1778.

8. ENGELMAN, J., Concept krib uit de Millingsche oever. 1784.

9. ENGELMAN, J., Kaart van het riviervak tusschen het Bylandsche kanaal en de monden van Neder-Whaal en Pannerdensche kanaal. 1784.

10. ENGELMAN, J., Kaart van de Whaal, Pannerdenschen kanaal en opwaarts tot boven het Bylandsche kanaal. 1784. 2 maps.

11. ENGELMAN, J., Kaart van den Rhynstroom van Emmerik tot beneden Arnhem. 1790.

12. BRUNINGER, C., Aftekening van den stroommeeter tot het neemen der proeven wegens de snelheid van den stroom. ca. 1790.

305 **Berkel. — Staring, W. C. H.,** en **J. H. Ferrand,** Verslag over den toestand der Berkel en ontwerp tot verbetering van die rivier. Zutphen, 1845. W. 3 maps. folio. boards.

306 **Bijlandsche Waard. — Kaart** van de Bylandsche Waard, het benedenste gedeelte van den Boven Rhyn, Whaal, en Pannerden, door F. en M. Beyerinck. ca. 1740. 62 × 20 cm.

307 **Linge. — Kaart** van het ambt van Beest, met een deel der Linge omstreeks Gellicum, Rumpt, Enspik, enz. 1758. Drawing. 75 × 54 cm. (Slightly damaged).

308 — **Blanken Jzn., J.,** memorie over het z.g. verhang in den waterspiegel van de voornaamste kanalen en boezems, enz. tot verklaring van het ontwerp ter verlenging van de Linge naar Steenenhoek, enz. Utrecht ,1817. W. 2 pl. — Geschiedk. aantek. over de vroegere binnendijksche waterontlastingen door sluizen enz. Utrecht, 1834. W. 3 pl. — 1e vervolg. memorie enz. Utrecht, 1835 W. map. Tog. 3 pieces. In 1 vol. 4to. hfcalf.

309 — **Kolff, M.,** De beneden-Linge en hare uitwatering. Tiel, 1924.

310 — **Lamping, W. A.,** De Linge-quaestie. Rott. 1889. W. map.

311 — **Rapport** der Linge-commissie in overleg tusschen Gedeputeerde Staten der provincies Gelderland en Zuid-Holland, ingesteld bij besluit van 29 april 1924. Arnhem, 1927. W. 38 maps. etc. folio. boards.

312 — **Reuvens, L. A.,** Afdruk van de oorspronk. verkenningsstukken, bedoeld in het Regl. op het onderhoud der Linge, 1864, opgaven betr. de waterstaat dezer rivier. Arnhem, 1865. folio.

313 **Nijmegen. — Dyck-rechten, Gereform.,** van 't Ryck van Nymegen, Over ende Neder-Betouwe geapprob. ende bestediget, 1640. Gheredr. 1657. Nijmegen, N. van Hervelt, 1658. 4to.

314 — **Overbetuwe. — Chirongen** der dijken, ringkaden ... des ambts Overbetuwe over den Jaare 18... Nijmegen, (1814). 4to.

315 **Tielerwaard. — Landkaart** van den Thieler Waard naar een tekening van W. Leempoel in 1699 door H. Tas in 1729. Nu verkleint en vermeerderd door W. A. Bachiene. Uitgeg. d. J. W. Kanneman. ca. 1762. 2 sheets 70 × 62 cm.

With the coats of arms of: van Haeften, van Borsselen, van Aerssen, Pynssen van der Aa, Pieck, van Heereman, van Tengnagel, van der Stel, de Cock, Doesburgh, van Randwyk, Timmers, van Bracht, van Aylva, Dutry, Verploegh, Bierman, van der Steen en van Bylandt.

316 — **Dijckrechten, Gereformeerde,** van Thielre ende Bommelreweerden. Arnhem, J. F. Hagen, 1683. 4to.

317 **Veluwe. — Brandsma Jzn., W.** en **F. J. Dozy,** Kaart van het polderdistrict Veluwe, onder toezicht van W. J. Backer. Schaal 1 : 20 000. Leiden, 1879. Large coloured map in 4 sheets. Each sheet 120 × 70 cm. In portfolio.

318 — **Rapport** over den waterstaatstoestand van het polderdistrict Veluwe en ontwerp afwatering. Leiden, 1881, royal 4to. boards.

319 **IJsel. — Ramaer, J. C.,** Verslag over de stroomsnelheidsmetingen op den IJsel. 's-Grav. 1890. W. 20 maps and pl. 4to. boards.

Zeeland

320 **Kaart, Nieuwe,** van Staats Vlaanderen in haare liemieten volgens conventie van 1664 met den zuidelijken arm der Schelde en de forten tot Antwerpen, met de indijkingen der schorren van de Hoofdplaat, Kieldrecht, enz. Amst., Mortier Covens en zoon (1792). 124 × 47 cm.

321 **Pické, C. J.** en **T. A. Lambrechtsen,** Atlas van de provincie Zeeland (met tekst). Groningen, 1877. In 8 coloured sheets. Each sheet meas. 46 × 48 cm.

322 **Visscher, N. J.,** Zelandiae comitatus novissina tabula. Nunc aut e emendata et aucta. Amst., R. Ottens, ca. 1720. 138 × 156 cm. mounted on cloth.
Colored map.

323 **Calamiteuse polders in Zeeland.** — **Fokker, G. A.,** Het grondwettig toezicht der provinciale staten ook op de calam. polders. Middelburg, 1856. — **Bedenkingen, Eenige,** aangaande het plan ter verhooging van het dijkgeschot der calam. polders in Zeeland. Middelburg, 1864. — **Hammacher, H. G.,** Iets tegen het nog iets over de calam. polders. Oostburg, 1865. — Nog iets over de calam. polders. Oostburg, 1865. etc. Tog. 12 pieces.

324 **Caland, A.,** Vrije beoordeling van het ontwerp-reglement van administratie der polders in Zeeland. Middelburg, 1856.

325 **Conrad, J. F. W.,** Waterbouwkund. aanteek. over de Zeeuwsche oeververdediging. Middelburg 1874. W. 3 pl.

326 **Dieleman, P.,** Een belangrijke bladzijde in de geschiedenis van het Zeeuwsche dijkrecht. Middelburg, 1907.

327 **Diggelen, P. J. G. van,** Verhandelingen over het regt op Schorren en anderen aanwas van gronden. Kampen, 1861. — **Toorn, J. van der,** Over de schorren, aanwassen en kwelders in Nederland. Haarlem, 1865.

328 **Hogerwaard, M. B. G.,** De oeververdediging in Zeeland sedert 1860. Middelburg, 1884–1908. 12 vols. in 13. W. 216 drawings and maps. 4to. of which 1–8 in 4 vols. hfcalf, rest sewed, 5 portfolios with maps and 1 vol. large folio. hfcalf.
Monumental work.

329 **Memorie** van het regt van eigendom op alle aangewassen schorren ... thans weder verdronken gronden in het departement der monden van de Schelde, competerende aan de bedijkers der ambachten en polders aldaar; of wel aan hunne wettige opvolgers, welke in de registers bij de respective domein comptoiren bekend staan. Handschrift van ca. 1810 van 64 bladz. — **Correspondance** et observations sur le memoire adstructif. 1812. Ms. of 68 pp. — In 1 vol. 4to. hfcalf.

330 **Ortt, J. R. T.,** Staat van uitgevoerde werken in Zeeland tot verdediging der kusten van de calamiteuse polders en van den oever voor Neuzen, 1830–1860. No pl. no d. folio. boards.

331 **Reglementen voor de polders in Zeeland.** — **Fokker, G. A.,** Betoog dat de staten van Zeeland bevoegd zijn het keizerlijk decreet van 16 Dec. 1811 door een provinciaal reglement te vervangen. Middelburg, 1861. — **Laat de Kanter, J. H. de,** Het arrest van den hoogen raad van 24 Mrt. 1871, betrekkelijk de Zeeuwsche polder-arrondissementen en hun bestuur. Goes, 1871. — **Reglement, Algemeen,** voor de polders of waterschappen in Zeeland. Middelburg, 1873. — **Caland, A.,** Iets over het algemeen reglement voor de provincie Zeeland. Middelburg, 1859. Etc. Tog. 12 pieces.

332 **Schorer, J. A.,** De geschiedenis der calamiteuse polders in Zeeland tot het reglement van 20 Jan. 1791. Leiden, 1897.

333 **Verslag** betreff. de oeververdediging in Zeeland, d. den Raad van Waterstaat 's-Grav. 1862. W. 6 maps and pl. 4to. boards.

334 **Schouwen.** — **Conrad, J. F. W.,** Beoordeeling over: P. Labrijn Dz., „Stoombemaling tot onlasting van het waterschap Schouwen". Zierikzee, 1875. folio.

335 — **Fokker, A. J. F.,** Het bestuur van het waterschap Schouwen. Zierikzee, 1883

336 **Sint Joosland.** — **Caerte** van den nieuw bedyckte lande van St. Jooslandt bevers onder den jaar 1631, door A. Smallegange.
Ms. map in colours, cont. the left half, 41 × 30 cm.

337 **Walcheren.** — **Memorie** van toelichting op de begrooting van ontvang en uitgaa van den polder Walcheren over 1855–1869. 14 vols. 4to.

338 — **Snouck Hurgronje, W. A.,** De iure circa aggerum aquarumque curam in insul Walacriae constituto. Ultr. 1837.

339 — — Geschiedkund. proeve omtr. het beheer der polderzaken in Walcheren. Mic delburg, 1854.

340 — **Verheije van Citters, J.,** Verhandelingen over de vroon-, leen, hayman- en vri

landen in Zeeland, over de dijkagien van Walcheren, over de dijk- en waterpenningen, enz. Middelburg, 1866. boards. *Reprint.*

341 **Westenrijk.** — **Caarte** van de polder Westenrijk genaamt Zuydland, 1771. 65 × 50 cm.

342 **IJsendijke.** — **Caerte** van de schorren voor IJsendyke van de Nieuwendam tot de Lauryna-scheidt, gelegen tusschen dijken van de Ameliae en Pieterspolders aan de eene hant in het land van Biervliet, en de dijken van de Orangen, Mattheus en Maurits polders. ca. 1720. 75 × 53 cm.
Contemporary copy.

Brabant

343 **Kaart** figuratief van het grootste gedeelte van Bataasch (sic) Braband, bevattende de Meyerye van 's Bosch bestaande in de vier quartieren van Peelland, Kempeland, Oisterwyk en Maasland, Grave en 't land van Kuyk en een gedeelte van de baronie van Breda, benevens een gedeelte van Holland ... landen van Heusden, Altena, de Langestraat en den Bommellerwaard en een verder gedeelte van Gelderland, het land van Kessel, enz. door H. Verhees. Amst. 1794.
Very important and scarce colored map, 110 × 93 cm.

344 **Bleckmann, Th.,** Kanaal van Breda naar Oosterhout in verb. met de waterontlasting van Breda enz. 1878. W. 3 pl. — **M. van den Boogaard,** Het stelsel van wateropstuwing in N.-Br.; de Groenendijk. 1861. W. map. — **G. van Diesen.** De Maas langs N.-Br. bij hoogen waterstand. 1872. *Reprint.* — **J. A. Gerlach Jr.,** Verbeter. in de reglementen op de uitwatering der Oude-Maas 's Lands van Heusden. 1843. — etc. Tog. 9 pieces. folio and 8vo.

345 **Boogaard, J. F.,** Beantwoording der vraag: welke verbeteringen zijn wenschelijk in het algemeen polderregt in Noordbrabant? 's-Hert. 1860. cloth.

346 **Juten, A. J. L.,** De vroegste geschiedenis der westkust van Noord-Brabant. Bergen op Zoom, 1922. *Reprint.*

347 **Tableau, Statistiek,** der polders in Noord-Braband. 's Hertogenbosch, 1843. folio. hfcalf. (back damaged).

348 **Aa, De.** — **Reglement** van het waterschap „het stroomgebied van de Aa". 's Hert. 1937.

349 **Amer.** — **Verzamelingstabel** der waterhoogten langs den Amer en zijne takken, Jan. 1884–Dec. 1913. In 3 vols. folio. bound.

350 **Beersche Overlaat.** — **Verslag** der commissie ingesteld 19 jan. 1919 inzake de watervrije ophooging van den Beerschen Overlaat. 's Grav. 1921. W. map and pl. folio.

351 — **Verslag** in zake de gedeeltelijke ophooging van den Beerschen overlaat. 's-Grav. 1919. W. maps and tables folio.

352 **Dintel, De.** — **Rochussen, J.,** Geschied- en waterloopkund. aanteek. nopens de dichting der rivier de Dintel. 's Bosch, (v. 1805).

353 **Heerenwaarden.** — **Kaart** van de Heerenwaardensche overlaten. Schaal 1 : 20 000. ca. 1880.

354 **Heusden.** — **Heusden en het Land van Altena.** Handschrift betreffende het dijkwezen en waterstaatkundige geschiedenis van Heusden en het Land van Altena, 1658. 206 pp. Ms. 4to. vellum.

355 — **Ordonnantie,** enz. op de dykagie van 't land van Heusden. 1612. (Heusden, 1776). 4to.

356 **Mark, De.** — **Mechelen, H. van,** Heemraadschap van de Mark en Dintel. Oud-Gastel, 1915.
Scarce.

357 — **Verslag** inzake onderzoek verbetering afwatering Mark en Dintel en verbinding Mark–Vliet. 's-Grav., 1936. W. map and 37 pl. folio. hfcloth.

358 **Peel.** — **Rapport, Voorloopig,** omtr. de afwatering en kanalisatie van de Peel. ('s-Grav. 1920). W. folding map. cloth.

359 **(Sprengers),** Histor. staatsrechtel. ontstaan van waterschappen en hunne gewijzigde grensbeschrijving in Noord-Brabant sedert de invoering der provinciale wet. 's-Hert. 1894. Vol. I (all publ.). folio. hfcalf.
Privately printed.
360 **Steenbergen. — Kaarte** van de stad Steenbergen met de daar om leggende polders, wegen, dijken, waterlopen, enz. Geteekende kaart, 1748. 70 × 53 cm.
361 **Woensdrecht. — Bestek** en voorwaarden voor eene bedijking van schorren en slikken onder Woensdrecht en Rilland-Bath. (Goes, 1884). W. 2 large maps. folio.

Noord-Holland

362 **(Beekman, A. A.),** Catalogus van kaarten enz. betr. de oudere en tegenw. gesteldheid van Holland's Noorderkwartier op de tentoonst. te Amsterdam, 1917. Leiden, 1918. W. map.
Excellent list.
363 **Inventarissen, Verzamelde,** Van de archieven der opgeheven waterschappen waarvan de taak is overgegaan op het hoogheemraadschap Noordhollands Noorderkwartier. (Alkmaar, 1935). W. 3 maps. royal 8vo.
364 **Koster Rz., K.,** Het droogleggen (draineeren) van land in Noord-Holland. — **W. C. M. Begram,** Nog iets over draineeren. — Eindhoven, 1864. 2 pieces. W. plans.
365 **Schorer, J. W. M.,** Profillen der prov. Noord-Holland. Haarlem, 1895. W. 7 large maps and pl.
366 **Schuitemaker, P.** Hollands Nooderkwartier met betrekking tot zijn waterstaat. Amst. 1900. W. pl.
367 **Vetter Jr., W.,** Handboek voor polderbesturen in Noord-Holland. Hoorn, 1862. hfcloth.
368 **Vries Azn., G. de,** De zeeweringen en waterschappen van Noord-Holland. 2e uitg. bew. d. J. W. H. Schorer. Haarlem, 1894. W. map and tables.
369 — De kaart van Hollands Noorderkwartier in 1288. Amst. (1864). W. map. 4to. (Akad.)
370 — Het dijks- en molenbestuur in Holland's Noorderkwartier onder de grafelijke regeering en gedur. de Republiek. Amst. 1875. 4to. hfcalf (Akad.).
371 **Wintgens, P.,** Beitrag zu der Hydrologie von Nordholland. Kerkrade, 1911. W. map.
373 **Aalsmeer. — Kaart** van het Oost Einde van Aelsmeer, waar op afgetekend zijn de meest uitgeveende en wederom met bagger volgeloopen sudzige en driftige rietlanden tusschen het Oost Einder dykie of voet pad en het groote Haerlemer of Leidsche Meer, door K. Vis. 1772. 98 × 31 cm.
374 **Amsterdam-Merwedekanaal. — Kemper, P. H.,** Beschrijving van het kanaal van Amsterdam naar de Merwede. 's-Grav. 1895. 8vo. boards. W. Atlas of 39 pl. royal 8vo. boards.
375 **Amsterdam-Rijnkanaal. — Stieltjes, E. H.,** Een Rijnvaart-kanaal voor Amsterdam. 's-Grav. 1881. W. map.
376 — **Verslag** in zake verbetering van den scheepvaartweg van Amsterdam naar de Lek. ('s-Grav. 1917). W. 15 maps and pl. folio. In portfolio.
377 — **Verslag** van de staatscommissie ... in zake den aanleg van een verbeterden scheepvaartweg van Amsterdam naar den Boven-Rijn. 's-Grav. 1924. W. 14 maps, etc. fol. cloth.
378 — **Verzameling** van 40 rapporten, boeken, brochures en kaarten over de verbinding van Amsterdam met den Rijn, uit de jaren 1842–1930.
H. A. Insinger, Holland op zijn smalst. 1858. Met antwoord van J. H. Cordes. 1858. — P. Opperdoes Alewijn, Holland op zijn smalst. 1860. — Alof, Noordzee-kanaal. 1867. — J. A. A. Waldorp, Ontwerp van een nieuwen waterweg van Amsterdam naar den Rijn. 1877. — The same, Wetsontwerp op de binnenl. scheepvaart. 1878. — J. G. v. Gendt Jr., Aanteek. op het ontwerp v. e. kanaal door de Geldersche Vallei. 1878. — etc.
379 — **Waldorp, J. A. A.,** De watergemeenschap tusschen het Noordzeekanaal te Amsterdam en de Waal. 's-Grav. 1881. W. 9 pl. *Reprint.* etc. Tog. 2 pieces. 4to. and 8vo.
380 — **Wentholt, L. R.,** Rapport inzake een scheepvaartweg van Amsterdam naar den Rijn. 's-Grav. 1927. W. maps and folio. In portfolio.

381 **Anna Paulowna polder.** — **Reglement** voor het bestuur van den Anna Paulowna polder. 1850. — **Verordening** op het inwendig beheer van den Anna Paulowna polder. 1857. — **Hinlopen, F. C.,** en **J. C. de Leeuw.** De 18e Juny 1856 en de 28e Juny 1857 in den Anna Paulowna polder. Haarlem, 1858. W. 2 plans. boards.

382 **Assendelft.** — **Kaart, Accurate,** van Assendelft, daar in men sien kan waar de dyken syn ingebrooken door de hoogwater-vloet, den 25 dec. 1717, door Tys Claasz. (1718). 28 × 22 cm.

383 **Beemster.** — **Afbeeldinge,** Ware, van de bedyckte Beemster landen inden jare 1643, door B. Floris Berkenrode (1640), in 't koper gesneden door D. van Breen 1644. 6 bladen van 51 × 42 cm en 5 bladen met 28 zeer fraaie wapens der Hoofdingelanden en Hoogheemraden in 1685. Op een der bladen een gedicht van Casp. Barlaeus, op een der wapenbladen een van G. Bidloo en een latynsch opschrift. Bijgevoegd een gedrukt blad in dezelfde grootte waarop der hoofd-inghelanden van de Beemster, 1794. Purmerend, Jacob Keyser.

Very fine map, and very scarce in loose uncut sheets.

384 — **Bouman, J.,** Bedijking, opkomst en bloei van de Beemster. Purmerende, 1857. W. portrait of Dirck van Oss and 3 maps. hfcalf.

385 — **Conrad, J. F. W., J. C. de Leeuw e.a.,** Verbetering der bemalingsmiddelen van de Beemster. Haarlem, 1873. 4to. boards.

386 — **Extract** uit het Octroy van de Beemster, m. cavelconditiën ende kaerte van dien; alsm. 't register v. d. participanten. Purmerend. P. Baars, 1696. (Reprint of 1857). W. map. cloth.

387 **Berkmeer.** — **Vries Azn., G. de,** De polderbesturen van den Berkmeer en den Slootgaard. Bijdr. tot de geschiedenis dier bedijkingen. Amst. 1866. boards. *Reprint.*

388 **Buiksloot.** — **Caarte** van de Buyckslooter, Broecker ende Belmer Meeren in Waterlandt, ghemeten ende geteeckent door S. N. Boonacker. J. Hondius exc. 1628. 47 × 26 cm.

389 — **Kaarte** vande Buyckslooter, Broecker ende Belmer Meeren in Waterland. door S. N. Boonacker. Amst., C. J. Visscher, ca. 1675. 48 × 27 cm.

With inserted map of Waterland, which is not found on the map by Hondius.

390 **Castricum.** — **Kaart** van de heerlykhyd van Castricum. Door S. Rollerus. Amst., Covens en Mortier, 1737. 90 × 62 cm.

This fine map is dedicated to Geelvinck, burgomaster of Amsterdam with his coat of arms. Further a vignette repres. a huntingscene by J. Punt.

391 **Dregterland.** — **Oostwoudt, G.,** Nieuwe kaarte van het dyckgraafschap van Dregterlandt 1723. In 8 sheets meas. each 50 × 67 cm.

With vignette and the coats of arms of van Croes, Jonken Schotsman, Hovenier, Jongmaats, Pool.

392 — — Kaart van Dregterlandt met de veranderingen van de dykagie en buitenoevers zooals die van tyd tot tyd verloopen zyn, als mede de dieptens ... 1775. Large and fine colored map, in four sheets, each meas. 60 × 48 cm with fine vignette and view on Enkhuizen, 7 coats of arms of the families de Blocquery, van Romond, Hovenier, Westwoude, Bruyn, Spruyt et Pool and one of Drechterland.

393 — **Kaarte, Nieuwe,** van Dregterlandt en de vier noorder Coggen. Door P. Straat en J. Harge 1735–1736. Amst., H. de Leth (1736). 120 × 93 cm. colored. mounted on cloth.

394 — **Extract** uit het Register der Resolutien van de ... Staten van Holland en Westvriesland, genomen op 16 Dec. 1763: **Instructie** en Ordre, waar na de Waarschappen van Drechterland ieder op zijn aanbestoelden dyk ... zich hebben te gedragen. No pl. 1763. sm. 8vo.

395 — **Peylingh,** gedaan op de gronden voor de Dregterlandsche dyken en voor de thans in wesen zijnde Buitenwerken. No pl. 1747. boards.

396 **Enkhuizen.** — **Onderzoek, Zedig,** over het maken van een canael of haven [te Enchuysen[neffens het plan, waer en hoedanig te begrypen zy, Amst., G. van Keulen, 1721. 4to. boards.

397 **Geestmerambacht. — Ordonnantie** ... voor de molenaars wegens het uytmalen van 't water, van haar elf ambagts watermolens uyt Geestmer-Ambagt. Alkmaar, J. Coster, 1761. 12mo. vellum.

398 **Gooiland. — Kaart, Nieuwe,** van Gooilandt. Amst. R. en J. Ottens, ca. 1750. Very fine coloured map with vignette by H. Post, Coats of arms of H. Bicker and a list of the extent of the countries and the names of the owners of the countryseats.

— **Nieuwe kaart** van Mijnden en de 2 Loosdrechten midtsgaders van 's-Graveland nevens het gerecht van Breukelen en Loendersloot. Amst., N. Visscher, 1700. Fine coloured map with the coats of arms of J. de Haze de Georgio, heer van Mijnden, and the names of the owners of the countryseats. 56 × 48cm

— **Nieuwe kaart** van Mijnden en de Loosdrecht. Amst., Covens. en Mortier, 1734. 89 × 62 cm. Very fine coloured map with vignette with a view of a peatground. With the coats of arms of M. and L. Lieve Geelvinck.

399 **Haarlemmermeer. — Afbeeldinge** van zeker concept tot bedykinge van de Haarlemmer, Leydse en andere byleggende meeren, uitgevonden door J. B. Veeris. (Amst.), N. Visser, ca. 1740. 71 × 48 cm.

400 — **Colevelt, C. A.,** Bedenckingen over het droogh maken van de Haerlemmer ende Leydtsche Meer. Amst., Th. Jacobsz., 1642. 4to.

401 — **Engelman, J.,** De droogmaking van het Haarlemmer-meer en aangelegen veenplassen. Zutphen, 1820. W. map.

402 — **Chr. Brunings, e. a.,** Verbaal behelz. hunne consideratien en advis, door welken middelen tegen den verderen aanwas van het Haarlemmer en Leidsche Meir zoude kunnen worden voorzien. Leyden, 1770. W. 2 maps. — **D. Klinkenberg** en **B. Goudriaan,** Aanmerkingen op het verbaal van J. Engelman, enz. No pl. 1770. — In 1 vol. folio.

403 — **(Gelder, J. de),** Vrije gedachten van een ingeland van Rijnland over de verhandeling van droogmaking des Haarlemmer meers. Uitgeg. d. F. G. van Lynden van Hemmen. Leyden, 1821. boards.

404 — **Gevers van Endegeest,** Over de droogmaking van het Haarlemmermeer. Leiden en Amst. 1843–61. 3 vols. W. 10 large maps. hfcalf.

Very scarce in complete state.

405 — **Hanegraaff, A., P. de Leeuw** en **J. Kros,** Beschouw. van de droogmaking van het Haarlemmer-meer in betr. tot Rijnlandswaterstaat. No pl. 1839. folio.

406 — **Heynsius, C. E.** Bedenkingen tegen het rapport der commissie tot onderzoek naar de middelen, welke zouden zijn aan te wenden, om aan alle landen van den Haarlemmermeerpolder ... eene behoorlijke waterontlasting te verzekeren. Amst. 1859.

407 — **Leechwater, J. A.,** Haerlemmer-meer-boeck, dienende tot een remonstrantie, verklaringh ende voorbereydinghe om de Haerlemmer ende de Leytse-Meer te bedijcken. 4e dr. Amst., D. vander Stichel, 1643. W. map on the titlepage and portrait by J. Savrij after J. Keyser and 1 map. 4to. limp vellum. (Slightly waterstained).

This 4th edition is the first one containing the portrait and the map. Scarce edition.

408 — **The same.** 9e dr. W. portrait and map. — **The same,** Een kleyn chronykje ende voorbereidinge van de afkomste ende 't vergroten van de dorpen van Graft en de Ryp. En nu op nieuws hier by gedaan de beschryving van den grooten brand in de Ryp, 1654. W. portrait and map. Amst. P. Visser, 1724.

Nijhoff, no. 171.

409 — **The same.** 10e dr. Amst., P. Visser, 1727. W. map and small map on the titlepage.

Nijhoff, no. 172.

410 — **Lynden van Hemmen, F. G. van,** De droogmaking van de Haarlemmermeer. 's-Grav. 1821. W. 4 large maps and 1 pl. — **J. de Gelder,** Memorie, behelz. deszelfs consider. over het ontwerp van van Lynden. Leyden, 1821. — **F. G. van Lynden van Hemmen,** Aanteek. op de Memorie van J. de Gelder. 's-Grav. 1822. — Tog. 3 vols.

411 **Haarlemmermeer.** — **Meese, D.,** De beste en minst kostbare middelen, om het afnemen der oevers van het Haarlemmermeer te beletten. Haarlem, 1768. W. 1 pl. hfcalf. (Verhandel. Holl. Maatschappij X, 1).

412 — **Missive** van Gecommitt. Raaden over de voorsieninge tegens de aanwas van de Haarlemmermeer. No pl. 1766. folio.

413 — **Ramaer, J. C.,** De omvang van het Haarlemmermeer en de meren, waaruit het ontstaan is, op verschillende tijden vóór de droogmaking. Amst. 1892. W. 7 maps. 4to. hfcalf. (Akad,).

414 — **Rapport** ... tot onderzoek naar de middelen om aan alle landen van den Haarlemmermeer een behoorlijke waterontlasting te geven. Haarlem 1858. — **Bedenkingen** tegen ... de middelen, welke zouden zijn aan te wenden om alle landen van den Haarl.m.polder een behoorlijke water-ontlasting te verzekeren. Amst. 1859. — **Kuyper, J.** Het Haarlemmermeer. Leiden, 1893.

415 — **Velsen, C.,** Aanmerk. over de tegenwoord. staat van de Haerlemmermeer, ... hoe noodzakelijk die moet werden droog gemaakt etc. Leyden, 1727. W. map. 4to.
Original edition.

416 — **Vertoogh, Kort,** op de noodsakelijcke betemminge van de Haerlemmer Meer. No pl. 1662. 4to.

417 — **Weekblad van Haarlemmermeer,** aan landbouw, gemeente- en polder-belangen gewijd. Red. C. E. de Clercq. Amst. 1860–69, 72–87. Year 1–10, 13–28. 26 vols. folio. boards.
4 titlepages missing

418 **Heer Hugo Waard.** — **Caerte** van de Heer-Huygen-Waert, met de omliggende dorpen en huysen, soo die tegenwoordich bedijckt en afgegraven is, 1631. Amst., C. J. Visscher (1631). 56 × 46 cm.

419 — **Belonje, J.,** De Heer-Hugowaard (1629–1929) — een geschiedenis van den polder. Alkmaar, 1929. W. map and 4 pl.

420 — **Gelder, H. E. van,** De bedijking van de Heerhugowaard. (1621–1706). 's-Grav. 1906. *Reprint.*

421 — **Octroy** van de Heer-Huyge-waert, met de ampliatie, cavel-conditien ende caerte, register van de cavels, mette eyghenaars der selver. Alckmaer, Th. Pzn. Baart, 1631. W. map by A. Metius. 4to. boards.

422 **den Helder.** — **Qualificatien** op Gecomitteerden tot de zeeweeringen aan den Helder om de voorgeslagen werken werkstellig te maaken. — **Approbatien** over het verrigte etc. — **Rapporten** van het verrigte etc. 1773–86. — Tog. 26 pieces. folio.

423 **Holendrechterpolder.** — **Reglement** tot het verveenen, bedijken en droogmaken van een gedeelte van de Holendrechter en Bullenwijker polders. Amst. 1852. W. map. — **Plan** tot vervroegde droogmaking van de gecombineerde Holendrechter en Bullenwijker polders. 1857. folio.

424 **Hondsbosch.** — **Kaart** van de zeeweeringen van de Hondsbossche en Duynen tot Petten, door J. Spruytenburgh. Amst., H. de Leth, 1730. 2 sheets of 46 × 66 cm. each. With fine vignette.
With the coats of arms of Dacy, Houttuyn, Schenk, Wil, Ramp, Egmond, Benningbroek and Bluze.

425 — **Kaart** van de Hondsbossche en Pettemer zeeweringen, door J. Verhey en P. van der Sterr. 1842. 148 × 85 cm.
With 1 leaf of text of the dike-reeve Kluppel: Inlichtingen omtrent de tegenwoordige gesteldheid der werken, voor de Hondsbossche zeeweering.

426 — **Conrad, J. F. W.,** en **P. J. de Quartel,** De Hondsbossche zeewering en de duinen te Petten in N. Holland. Alkmaar, 1864. 2 vols. W. 10 maps and pl. 4to. bound.

427 — **Hondsbosch morgengelt-boek** over Velsen, voor den jaare 1767, omgeslagen bij de Heeren Hooft Ingelanden van de Hondsbossen en Duijnen tot Petten, tegen 12 stuijvers het morge. Ms. of 28 pp. sm. 8vo.

428 — **Huet, A.,** De zeeweringen aan de Hondsbossche en bij Petten. Amst. 1866.
Added: MUNTJEWERFF, J., Tegenwoordige en voormalige staat van den Hondsbossche en duinen te Petten. Alkmaar, 1795. W. map and 2 pl. — ONTWERP-REGLEMENT van bestuur voor het Hoogheemraadschap van den Hondsbossche en duinnen tot Petten. Amst. 1872. — HONDSBOSCH MORGENGELDBOEKJE, over Velsen voor den jare 1815. Ms. of 36 pp.

429 **Hondsbosch.** — **Kamp, A. F.,** Van Foreest, Conrad en de Hondsbossche. Alkmaar, 1942. *Reprint.*

430 — **Verbalen** van het verhandelde in de vergaderingen van hoofdingelanden van den Hondsbossche en Duinen tot Petten, 1838–1857. No pl. (1851, 58). 2 vols. folio, boards.

Vol. I is entitled: Deliberatien, van hoofd-ingelanden, enz.

431 — **Vries Azn., G. de,** Het hoogheemraadschap van de Hondsbossche en Duinen tot Petten. Oorsprong en geschiedenis van de inrigting des bestuurs. — **The same,** Nieuwe bijdrage. — Amst. 1856, 69. 2 pieces.

432 **Huisduinen.** — **Kaart** van Huisduinen, den Helder en het Nieuwe Diep, waarop is voorgesteld de toestand van 1571 ... de ligging van den zeedijk in 1702 en de toestand in 1866 ... door J. F. W. Conrad. ca. 1870. 76 × 57 cm. on cloth.

433 — **Kaerte** van alle de sanden, gorsingen, slicken, waerden ende kreecken gelegen tusschen Huysduynen, Wieringen, Wieringerwaerdt, Zijp ende Kalands-Ooge, genaemt het Koe-Gras, door C. J. Visscher ca. 1620. 57 × 47 cm.

Very scarce. With Le Maire's polder, bedijkt door de erfgenamen van Isaack le Maire.

434 **Kennemerland.** — **Hoogh Heemraetschap** van de uytwaterende sluysen in Kennemerlant ende Westvriesland. (Amst., N. Visscher, ca. 1725). 16 sheets. large folio. hfcalf.

Fine map by J. Douw and engraved by K. Decker. With the coats of arms of van der Mieden, Wil, Ramp, Warmenhuysen, Fannius and Baert.

Bound up with: 1°. Naamwyser waar in aangewesen worden alle de steden, dorpen. buurten ... in 't Hoog-Heemraadschap. Amst., N. Visscher, z.j. *This leaf is very scarce.*

2°. Overzichtskaart van Noord Holland, entitled: 't Hoogh Heemraetschap van de uytwaterende sluysen in Kennemerlant ende Westvriesland.

3°. The same, on larger scale in 4 sheets, meas each 57 × 45 cm. With the coats of arms of van der Mieden, Ramp, Swaan, van Eyck, Warmenhuisen and Baert.

4°. De Purmer bedyckt. 1683. 2 sheets.

435 — **Belonje, J.,** Het hoogheemraadschap van de uitwaterende sluizen in Kennemerland en West-Friesland, 1544–1944. Amst., 1945. With 30 illustrations. royal 8vo. cloth.

436 — **'t Hoogheemraetschap** van de uytwaterende sluysen in Kennemerlant ende West-Frieslant. ca. 1725. 4 sheets, 57 × 45 cm with the coats of arms of Winder, van Nassau Bergen, van Twuyver, Kuyper, Ras and van der Mieden.

437 — **Kaart, Nieuwe,** van 't baljuwschap van Kennemerland met de bannen van Westsaanen, Assendelft, Heemstede, Wijk aan Duyn, Velsen, Spaarwoude, etc. Amst., wed. N. Visscher, T. Schenk Jun., 1730. 58 × 48 cm colored.

438 — **Memorie** van toelichting tot het ontwerp van een reglement van bestuur voor het hoogheemraadschap van de uitwaterende sluizen in Kennemerland en Westfriesland. Haarlem, 1881. W. map. hfcloth.

439 **Keulsche Vaart.** — **Rapport** omtrent eene verbetering van de bestaande Keulsche vaart. — **Rapport** nopens een nader onderzoek omtr. idem. — **J. van de Vegt** en **P. H. Kemper,** Rapport betr. idem. — 's-Grav. 1878–80. 3 vols. W. 12 maps. 4to.

440 **Landsmeer.** — **Memorie** omtr. de afscheiding der banne Landsmeer in het hoogheemraadschap Waterland van het Noord-Hollandsch Kanaal. Purmerend, 1873. W. 2 maps. folio.

441 **Legmeer.** — **Plan** tot droogmaking van de Legmeerplassen. Uithoorn, 1854. W. map.

Added: Het nuttige en noodzakelijke der droogmaking van de Legmeer-plassen. Amst. 1850.

442 **Marken.** — **Faber, J. G. A.,** De indijking van het eiland Marken. Purm. 1871. *Reprint.*

443 **Monnikmeer.** — **Prospectus** eener naamlooze mij tot. bedijking en droogmaking van de Monnik- en Noord-meren, te Monnikendam. Monnikendam, 1847. W. map.

444 **Muiden.** — **Caarte** van den nieuw vermaakte zeedyk be Oosten Muyden, door J. van Hoorn. Amst., H. de Leth, 1737. 173 × 58 cm.

445 **Nieuwe Diep.** — **Kaart** van het Nieuwe Diep aan de Helder, aanwijzende de werken en de peilingen der diepten .... tot het formeeren van een haven en bekwaame

legplaats voor 's lands schepen van oorlog aldaar, door L. Berger. 1785. 2 sheets of 84 × 50 cm each.

446 **Nieuwer-Amstel.** — **Privilegien,** octroyen, enz. wegens het heemraadschap van Nieuwer-Amstel. Amst., P. Mortier, 1781. 4to.

447 **Noord Hollandsch Kanaal.** — **Collection** of 4 pieces on the amelioration of the Noord-Hollandsch kanaal and the coasts of the Noordzee. 1856–72. W. large map. In 1 vol. 4to. hfcalf.

448 **Noordplas.** — **Kaart** van de bedykte en droog gemaakte gecombineerde Noord Plas door K. Vis. (1767). 88 × 61 cm.

449 **Noordzeekanaal.** — **Kaart** van het Noordzeekanaal d. J. B. Pondman. 1 : 12.500. Amst. 1893. 4 sheets in colors. large folio. In portfolio.

450 — **Barnard, J. G.,** Report on the North-Sea canal of Holland and on the improvement of navigation from Rotterdam to the sea Wash. 1872. W. 11 pl. 4to. hfcalf.

451 — **Caland, A.,** Enige beschouwingen over eene Noordzeehaven voor Amsterdam. Middelb. 1863. W. 2 fl.

Added: Naamlijst der aandeelhouders van de Amsterdamsche kanaal-maatschappij. Amst. 1865.

452 — **Verslag** (betr.) maatregelen tot verbetering van het Noordzee-kanaal. 1895. — **Caland, A.,** Ontwerp voor een open vaarwater van Amsterdam naar de Noordzee. 1868. W. map. — **Herinnering** van de openstelling van het Noordzee-kanaal enz. 1901. — etc. Tog. 4 pieces. 4to. and 8vo.

453 — **Verslag** der Staatscommissie in zake den toegang tot Nederland door het Noordzeekanaal. 's-Grav. 1911. 2 vols. W. 11 coloured plans in portfolio. Tog. 3 vols. folio.

454 — **Wortman, H.,** en **G. J. van den Broek,** Geschiedenis en beschrijving van het Noordzeekanaal. Amst. 1909. W. map, 21 pl. and 63 ill. 4to. boards.

455 **Purmer.** — **Purmer, De. De Wormer.** 2 maps on 1 sheet ca. 1650. 22 × 17 cm.

Added: De Wormer. (Amst.), G. Valk en P. Schenk, ca 1730. 15 × 17 cm.

456 — **Octroy** van de Purmer, mitsg. d'approbatie aeng. de kavelinghe der gronden, met de kavel-conditiën, kavelregister ende kaerte. Amst., Cl. J. Visscher, 1623. W. map by L. J. Sinck. 4to.

457 — **Octroy** v. d. Purmer, mitsg. d'approbatie aang. de kavelingen der gronden, met de kavelconditien, kavel-register en de kaerte. Amst., H. Aaltsz, 1722. W. map by J. Leupenius. — **Accoord** ofte conventie bij de Purmer, aangegaan met die van de Uijtwaterende Sluysen, wegens het overnemen van de Edammer haven. Edam, J. Pot, 1702. — In 1 vol. 4to.

458 **Schermer.** — **Caerte** van de Scher-meer bedyckt ende by cavels .... door lotinge gedeelt. (Amst.), C. J. Visscher, 1635. 24 × 17 cm.

The oldest map of this polder.

459 — **Caerte** van de Schermeer alsoo de selve is bedijckt ende bij cavels .... door loting uytgedeelt 25 Oct. 1635. Door P. Wils. (1635). 24 × 16 cm. colored.

460 — **Caerte** van de Schermeer alsoo deselve is bedyckt, ende by cavels ... door lotinge uytgedelt, 1635. 57 × 47 cm.

461 — **Kaart** van de bedijkte Schermer, door A. van Diggelen. 1836. With the coats of arms engraved by Veelwaard en Zoon. 103 × 81 cm.

462 — **Resolutie** van hoofd-ingelanden, dijkgraaf en heemraden van de Schermeer. Alkmaar, 1797. boards.

463 — **Rups, A. H. D.,** Onderzoek stoombemaling van Schermerboezem. Edam, 1896. W. 9 pl. folio. boards.

464 **Schokland.** — **Schuttevaer, W. J.,** Beschouw. over Schokland, n. aanleid. van een voorgestelde inkorting. (Zwolle, 1861). W. map.

465 **Slooten.** — **Landkaarte** van de binnen polder van Slooten en het Middelvelt. Gemeten door C. Koel, 1675. Amst., Wed. N. Visscher, (1719). 72 × 50 cm.

With vignette, with the coats of arms of Hooft, de Graeff, Nuyts and Schilthouwer.

466 **Spaarndam.** — De Rhijnlandsche slaaperdijk bij Spaarndam. Haarlem, 1802. W. 2 maps.

467 **Starnmeer. — Caert** van de Starn Meer aldus bedyckt en gelost 1643 aen stuck en van tien morgen suyver lant etc. Door N. Stierp. (1644). 18 × 16 cm.

468 **Vlieland. — Vegt, J. van der,** Memorie omtrent Vlieland, Vliehors, Eijerlandschegat en Zuiderzeegaten. No pl., 1865. W. 22 folding maps and pl. 4to. boards. *Reprint.*

469 **Waard en Groet. — Kaart** van den polder Waard en Groet in Noord-Holland, door P. van der Sterr. ca. 1870. 64 × 37 cm. printed on cloth.

470 — **Sloos, A. R.,** De geschiedenis der inpoldering en bebouwing van Waard en Groet in N. Holland. Amst. 1858. W. 1 map. cloth.

471 **Watergraafsmeer. — Watergraafs of Diemer-meer.** Met vignet, geheel geëtst door P. van den Berge. ca. 1700. In 4 sheets 59 × 45 cm.

With the coats of arms of Scott, Trip, van Vliet, van Schie, van Hoven and van der Meulen.

Important for the extensive plans of the country-seats.

472 — **Poincten** ende conditien opde welcke de burgermeesteren van Amstelredamme, willen verkoopen sekere cavelingen inde Watergraeffmeer, nu Diemermeer. Amst. F. Lieshout, 1629. W. map. 4to. vellum. Very scarce.

First edition.

Bound up with: POINCTEN ende condit. bij de burgem. van Amst. omme als noch ghemeyne ende onverdeelt legghende gronden van de W. bij lot ofte cavelen te scheyden. Amst. 1631.

473 **Waterland. — Caerte** van Waterland vertonende de gelegentheyt der meer en onlangs bedyckt als Buyckslooter, Broecker en Belmer meer met de naest gelegen steden. Amst., H. Hondius, ca. 1625. 16 × 17 cm. colored.

474 — **Caarte** van Waterland vertoonde de gelegenth. der meeren onlangs bedyct als Buyckslooter, Broeker en Belmer Meer. ca. 1635. 11 × 17 cm.

475 — **Kaart** van Waterland aanwysende de strekking van de zeedyk en agterdigting, als meede de voornaamste wegen en wateringen. Door M. den Berger en L. den Berger. 1760. In 4 sheets meas. 54 × 44 cm each.

476 — **Prins, Jr. J.,** Geschied. v. h. Hoogheemraadschap Waterland onder de grafelijke regeering, de republiek en het Koninkrijk d. Nederlanden. Amst. 1883. W. 2 maps.

477 **Westfriesland. — Kaarte, Nieuwe,** van het dykgraafschap van 't Ooster baljuwschap van West-Vriesland, genaamt Medenblick en de vier Noorder Coggen. H. de Leth sc. ca. 1730. In 4 sheets of 59 × 48 cm each. With large vignette and the coats of arms of the Hoogheemraden Houttuyn, Corn. v. d. Wolf, v. d. Beets, Agricola, Laaglant, Nierop, Vader, Lanst, a.o.

478 — **Caarte, Nieuwe,** van het dykgraafschap van West-Vriesland genaamt Geestmer-Ambagt, Schager en Niedorper Cogge. H. de Leth sc. ca. 1730. In 4 sheets of 56 × 46 cm each. With the coats of arms of the municipalities and a large vignette repres. the farming in West-Vriesland.

479 — **Aantekeningen, Nette,** volgens peylingen hoe veel de zomerpeilen in Westvrieslandt zyn. No pl. no d. 14 sheets. square folio.

480 — **Rapport** over de kanalisatie van Westfriesland door de commissie benoemd d. C. J. K. van Aalst. Schagen, 1922. W. 17 maps. folio. boards.

481 — **Straat, P.,** en **P. van der Deure,** Ontwerp tot herstelling der Westfriesche zeedijken. Amst. 1735. W. 2 pl.

482 **Wieringen. — Chaerte** vande Wieringer-waert ... bij blinde lotinge gekavelt ende gedeelt, 12 Julii 1611. Door Adrianus Anthonii (Theunissen). 1611. 75 × 63 cm. With 16 coats of arms of the dike-reeves, etc.

483 **Wormer. — Caert** van de Wormer indė welcke begreepen syn 119 cavelingen elck groot synde 15 morgen van 600 Rynlantse roeden. (1629).

With a single leaf: Taeffel van de groote der cavelen inde Wormer.

484 **Y, Het. — Faber, J. G. A.,** Memorie omtrent de werking van de reglementen voor het Collegie van hoofd-ingelanden van den Noorder IJ- en Zeedijk, en het dragen der kosten van dien dijk. Hoorn, 1856. — **Memorie,** houdende omstandig-critische beschouwingen en bezwaren ten opzigte v. h. reglement. Purmerende, 1856. Tog. 2 pieces.

485 **Y, Het. — Verslag** der commissie in zake wijziging der afsluiting van het IJ. 's-Grav. 1922. W. 7 maps. folio. boards.

486 **Zaanland. — Kaart** van de banne van Oostzaanen en Oostzaandam. ca. 1740. 57 × 52 cm.

487 — **Kaart, Nieuwe en zeer nauwkeurige,** van Oostzaandam met alle de landen, paden, moolens, vaarten en slooten daar onder behoorende afgedeeld in kavelingen en genommerd. Door J. Oostwoud en J. van Heteren. 1794. 136 × 63 cm.

488 **Zeeburg. — Kaarte** van alle dykpligtige van het Hoogheemraadschap Van den Zeeburg en Diemerdyk. ca. 1740. In 6 sheets, meas. 182 × 119 cm. With fine vignette by J. Wandelaar.

Important for the names of the landowners for the greater part (Amsterdammers), contains besides the municipal coasts of arms, those of Emtinck, Hooft, van Soesdijk, Burghout, van Marken, Gonsset, van Lingen, van der Dussen, Mooy, a.o.

489 **Zuiderzee.** Extensive collection on the Zuyder Zee. The collection contains:

1. Works. v. Diggelen, B. P. G., De Zuiderzee, de Friesche wadden en de Lauwerszee. Zwolle, 1849. 2 vols. W. 3 maps. — Droogmaking van het zuidelijk gedeelte der Zuiderzee. 's-Grav. 1868. 8 pieces in one volume. With 4 pl. 4to. — Verslag over een onderzoek van het afsluiten, indijken .... van een gedeelte der Zuiderzee, 1868. 4to. — Swets, J., De Zuiderzee en de Kamper Eilanden. (1363–1882). 's-Grav. 1886. With map and 2 pl. — Nota's betreffende het onderzoek omtrent de afsluiting van de Zuiderzee, de Wadden en de Lauwerszee. Leiden, 1887–1891. With numerous pl. folio. — Verslag der Staatscommissie tot het instellen van een onderzoek omtrent een afsluiting en eene droogmaking van de Zuiderzee. 's-Grav. 1894. With a large map and numerous plates. — Houven van Oordt, H. C. van der, De economische beteekenis van de afsluiting en drooglegging der Zuiderzee. 2nd ed. Leiden 1901. With 3 maps. — Kloppenburg, J. en P. Faddegon, Het eerste ontwerp voor de bedijking der Zuiderzee, 1848, Zutphen, 1916, 4to. — de Blocq van Kuffeler, Verslag der onderzoekingen van het bureau .... voor den aanleg .... van de afsluiting der Zuiderzee. 's-Grav. 1914. With maps, folio. — Verslag der commissie in zake wijziging der afsluiting van het Y. 's-Grav. 1922. With maps, folio. — Verslag der commissie tot het instellen van een hernieuwd onderzoek naar de baten .... van de afsluiting en droogmaking der Zuiderzee verwacht. 's-Grav. 1924, folio. — Verslag Staatscommissie Zuiderzee, 1918–26. 's-Grav. 1926. With maps, folio etc. Together 15.

2. Zuyder Zee Society. Verslag over den toestand en de werkzaamheden der Zuiderzee. Vereeniging, 1886–1891. 3 pieces. — Oeconomische en finantieele beschouwingen van het dagelijksche bestuur der Zuiderzee-Vereeniging, Leiden, 1892. Ontwerp van de wet tot afsluiting en droogmaking van de Zuiderzee. Leiden, 1901. With 1 map. — Verzameling van rapporten vol. I: De Zuiderzee-visscherij. vol. II: Rapporten aan den Minister van Waterstaat, Handel en Nijverheid. Leiden, 1905, 2 vols. in 1. — Id., vol. III: Rapport van de Nederlandsche Heide-Maatschappij. Leiden 1906. — Afsluiting en Drooglegging der Zuiderzee, Leiden, 1905, 1908, 2 vols. — Id., Met vervolg. Leiden, 1911 2 vols. — Ontwerp van wet tot afsluiting en droogmaking van de Zuiderzee. 2nd ed. Leiden, 1912. — Afsluiting en drooglegging der Zuiderzee. Leiden, 1914. With 2 plates. — Handelingen en bijlagen van de beide Kamers der Staten-Generaal, Leiden, 1920. etc. Tog. 18 vols.

3. Reports. Rapporten en Mededeelingen betreffende de Zuiderzee werken. 's-Grav. 1923–36. No. 1–5 = 6 vols.

4. Reports. Verslag van de Credietvereeniging voor de Zuiderzee 1921–26. Amst. 1922–1927. 6 pieces. — Jaarverslag over 1935–38 (= 1–41) Amst. 1936–1939. — Verslag der Commissie inzake het bestudeeren van de uitgifte der Zuiderzeegronden. 's-Grav. 1930. Tog. 11 pieces.

5. 97 Pamphlets on the Zuyder-Zee (technical, economical etc.) by Beekman, v. Diggelen, Hudig, Huet, Lely, Ramaer a.o.

6. Flevo. Maandblad gewijd aan de droogmaking der Zuiderzee. 1921–1922. Year I–II, 2–6.

7. A large number of technical notes destined for the members of the Zuyder-Zee Council. (typewritten).

8. Wieringermeer. — Rapporten met betrekking tot de bodemgesteldheid van de Wieringermeer en van den Andijker proefpolder. 's-Grav. 1929. With 1 map and 1 pl. Rapporten met betrekking tot de onderzoekingen in den Andijker proefpolder gedurende de eerste vier cultuurjaren. 's-Grav. 1932. With plates and ill. — Zuur, A. J., Over de bodemkundige gesteldheid van de Wieringermeer. 's-Grav. 1936. vol. I: text, vol. II

maps, 2 vols. — ZANTEN, J. H. VAN, Statistiek van de Wieringermeerbevolking. Alphen a.d. Rijn, 1938. With 4 plates.

Some technical notes of the Zuyder-Zee Council.

9. PROCEEDINGS OF THE STATES-GENERAL AND NEWSPAPERARTICLES concerning the Zuyder-Zee.

10. Monthly report on the Zuyder-Zee works. 's-Grav. 1920–1944, 1–24 and 25 part 1. In parts. All published. Very scarce.

This exceptional and valuable collection was formerly in possession of a member of the Zuyder Zee Council: Dr. A. A. Beekman.

490 **Zuiderzee. — Voorstelling, Graphische,** der waterstanden in de Zuiderzee bij Zeeburg, in het IJ voor Amsterdam en op Rijnland's boezem te Sparendam, 1 Juni 1872–25 Maart. 1876. No pl. no d. In 1 vol. 4to. boards.

491 — **Landschap, Het toekomstige,** der Zuiderzeepolders. Uitg. van het Nederl. Inst. voor Volkshuisvesting. Amst. ca. 1935. W. ill. royal 4to.

492 **Zype. — Afbeelding** van de Zyp, haer waere gelegentheit van dyckage, weegen, watringen en scheyslooten. Alle de hofsteeden, wooningen en watermolens, door J. D. Zoetman. ca. 1660. Fine engraved map by R. van Persyn, with fine vignette. 6 sheets, 55 × 47 cm. each.

493 — **Afbeeldingh** van de Zype, haar dykagie, wegen, wateringhen, molens, hofsteden en wooningen, door J. D. Zoutman. 1665. 67 × 44 cm. colored. With fine vignette.

494 — **Belonje, J.,** De Zijpe en Hazepolder. De ontwikkeling van een waterschap in Holland's Noorderkwartier. Wormerveer, 1933. W. map.

Zuid-Holland

495 **Beekman, A. A.,** De „Fossa Corbulonis". Leiden, 1916. With large map and 3 pl. — Een dwarsprofiel van de gracht van Corbulo. Leiden, 1925. W. map. — **H. Hettema, Jr.,** De gracht van Corbulo. 's-Grav. 1936. — Tog. 3 pieces. *Reprint.*

496 **Gevers Deijnoot, W. T.,** Bijdr. tot de kennis der hoogheemraadschappen enz. in Zuid-Holland. Rott. 1844. boards.

497 **Reglementen, Bijzondere,** [der polders in Zuid-Holland]. 1857–62. 76 pieces. In 1 vol. cloth.

Supplements to „Buitengewoon Provinciaal blad van Zuid-Holland".

498 **Teixeira de Mattos, L. F.,** De waterkeeringen, waterschappen en polders van Zuid-Holland. 's-Grav. 1906–41. Vol. I–VI, VIII–X. 9 vols. in 12.

I. Algem. provinciale reglementen. Het vasteland. 1. Rijnland. — II. Het vasteland. 2. Delfland. 3. Schieland. 4. Woerden. 5. Amstelland. — III. De waarden. 1. De Krimpenerwaard. — IV. De waarden. 2. Het land tusschen Lek en Merwede. (Alblasserwaard en Vijf-Heerenlanden). — V. De eilanden. 1. Rozenburg. — VI. De eilanden. 2. IJsselmonde. — VIII. De eilanden. . 4. De Hoeksche waard. 5. De Tien gemeten. — IX. De eilanden. 6. Het eiland van Dordrecht en de in Zuid-Holland gelegen landen van den Biesbosch. 14. — X. De eilanden. 7. Goedereede en Overflakkee. 2 vols.

Complete set, partly out of print.

Vol. 7 is not yet out.

499 **Waterschap, Het.** Maandblad van den Zuid-Hollandschen waterschapsbond. Red. G. J. C. Schilthuis. Middelharnis, 1910–41. Year 7–30. 24 vols. 4to. boards.

Missing: titlepage and index to 1927 and 1935 and the nrs. 3, 4, 7, 8 and 12 of 1941.

500 **Aarkanaal. — Elzelingen, V.,** Nota over de verbetering van het Aarkanaal in het kanaalvlak van Aardam tot Papenveer. 's-Grav. 1910. W. 2 maps and 1 pl. folio.

501 **Abbenbroek. — Caarte** ende afbeeldinge der heerlykheyd van Abbenbroek, 1701. 66 × 50 cm. mounted. (Slightly damaged).

502 **Akkerslootpolder. — Consent** en reglement tot het bedyken, verveenen enz. van de Akkersloot- Hertogs- en Blyverpolders onder Alkemade. No pl. (1791). 4to.

503 **Alblasserwaard. — Caerte** vertoonende de landen etc. van den Overwaert gelegen binnen den ringdyk van den Alblasserwaert. 1706. In 4 sheets of 53 × 36 cm. each.

504 — **Caerte, Nieuwe,** vertoonende den geheelen Alblasserwaart. Nieulycx uytgegeven door Abel de Vries. Dordrecht, 1716. Met aanwijzing der dijkbreuken en hulpgaten van 't jaar 1740 en 1741 d. Matth. de Vries. In 4 sheets, meas. 59 × 34 cm

each, and 14 coats of arms of the dike-reeves on 3½ sheet. With vignette by B. Stoopendaal.

505 **Alblasserwaard. — Kaart, Nieuwe,** vertoonende den geheelen Alblasserwaardt met de Vyf Heeren Landen, door Abel de Vries, waar in de inundatien sedert 1500 tot 1726, mitsgaders de toegedamde Killen. 1738. 46 × 31 cm.

506 — **Kaart** van den Alblasserwaard en de Vijf Heerenlanden. Opnieuw bewerkt door A. Hansum en D. J. Climmerveen. 1840. In 2 sheets. 66 × 78 cm each. (Slightly damaged).

507 — **Hantvesten,** privilegien, keuren ende reglementen, aeng. den dijckrechte van den Alblasser-Waert. Dordrecht, M. van Nispen, 1687. sm. 8vo. calf.

508 — **Langeveld, L. A.,** en **C. A. Verhey,** Statistieke opgave van de Alblasserwaard met Arkel beneden de Zouwe. Rott. 1893. W. 3 maps. 4to. cloth.

509 — **Stukken,** betrekkelijk eene uitwatering voor de vijf Heerenlanden, door den Alblasserwaard. No pl. 1807. folio.

510 **Berkel en Rodenrijs. — Octrooy** voor schout, ambagtsbewaarders ... van Berkel en Roodenrys, tot het droogmaken van landen in derzelv. districten. Delft, C. van Graauwenhaan, 1769. 4to. limp vellum.

511 **Biesbosch. — Someren, R. H. van,** De St. Elizabeth's nacht. Anno 1421. Dichtstuk, m. aant. Utrecht, 1841. W. 1 pl. hfcloth.

512 **Bleiswijk. — Onderzoek** wijziging der bemaling 1911. Uitgegeven door waterschap „de drooggemaakte polders van Bleiswijk en een gedeelte van Hillegersberg". Nota I–V. No pl. 1911. W. plans.

513 **Butterpolder. — Kaart** van een gedeelte der veen en droogmakerij genaamt de Butter Polder welke meede begrepen is in de bedyking van de gecombineerde Noord Plas onder Hazerswoude ... door K. Vis. 1772. 73 × 32 cm.

With 1 leaf (13 × 18 cm) with the names of the authorities of Haserswoude, Benthuysen, Noordwaddingsveen, Hoogeveen, Soeterwoude and Benthorn.

514 — **(Kaart van)** de kley- en veenlanden in de Butterdorperpolder, door C. Beket en C. Swieb. 1770. 63 × 43 cm.

515 **Delfland. — Floris Balthasarsz,** Ware afbeeldinghe van Delflandt, ghemeten ghecaerteert ende int licht ghebracht Ao. 1611. In 11 sheets, meas. 30 × 38 cm each.

Fine and clean copy of this very scarce and celebrated map. The map consist of 8 sheets, 1 sheet with the coats of arms of the dikereeves, 1 sheet for the title and 1 sheet with ornaments. These two last sheets are extremely scarce.

516 — **'t Hoogheemraedschap** van Delflant, door Kruikius. Verzamelblad. 1712. W. 10 coats of arms. 58 × 51 cm. (The map is colored).

517 — **Dolk, Th. F. J. A.,** De geschiedenis van het gemeenlandshuis van Delfland te Delft. Delft, 1933. W. ill. cloth.

518 — — Geschiedenis van het hoogheemraadschap Delfland. 's-Grav., 1939. W. 2 maps. cloth.

Out of print.

519 — **Goes, A. van der,** De aggerum et aquarum curatorum collegio in Delflandia. (Hoogheemraadschap van Delfland). Lugd. Bat. 1832.

520 — **Graaff, R. J. M. de,** De toestand der zeewering van Delfland. 1853. — **Ontwerp** van reglement voor het bestuur van het hoogheemraadschap van D. 1850. — **J. M. Sernée,** De finant. administratiën van de geestelijke stichtingen in D. na 1572. 1919. — etc. Tog. 4 pieces.

521 — **Institutie,** continuatie, enz. van Hooft-Ingelanden van Delflandt. ('s-Grav. 1589–1632). — **Keuren** ende ordonnantien van 't hoog-heemraatschap van D. Delft, A. Voorstad, 1722. — **The same.** Delft, R. Boitet, 1739. — **Keure** en ordonn. op de executie in zaken het hoogheemraadsch. van D. 1739. — Tog. 4 pieces in 1 vol. 4to. vellum.

522 — **Institutie** ofte erectie van Hooft-Ingelanden van Delflandt. No pl. 1632. 4to.

523 — **Inventaris** van het oud-archief van het hoogheemraadschap Delfland, 1319–1853. 's-Grav. 1940.

524 — **Keuren** ende ordonnantien van 't Heemraetschap van Delf-Landt. 's-Grav. J. Verhoeve, 1655. 4to.

First edition.

525 **Delfland.** — **Keuren** en reglementen regelende: het onderhouden der waterkeeringen of kaden van de polders, het onderhouden en reinigen der boezemwateren, het malen en stilstaan der watermolens, de wijdte en diepte der togten. etc. ca. 1860. Tog. 13 pieces.

526 — **Knottenbelt, A.,** Geschiedenis van een polder in het hoogheemraadschap van Delfland. Vlaardingen, 1920. W. map and pl. boards.

527 — **Meylink, A. A. J.,** Geschiedenis van het hoogheemraadschap en der lagere waterbesturen van Delfland. 's-Grav. 1847. boards.
Pp. 1–208; Bewijsstukken, pp. 1–448.
All published. Titlepage not done.

528 — **Musschenbroek, S. C. P. v.,** Vervuiling van Delflands boezemwateren. 1898. — **W. Bruch,** Das biologische Verfahren zur Reinigung von Abwässern. 1890. — **J. W. Jenny Weyerman,** De verontreiniging der openbare wateren. 1902, etc. Tog. 8 books and tracts.

529 — **Ordonnantie** ende keure der H.H. Staten, dienende tot onderhoudinghe vande weghen, wateringhen, molens, heulen, zijlen, caden, tochten enz. sorterende onder de particuliere polders van Delf-landt. No pl. 1601. 4to.

530 — **Reglement** voor het hoogheemraadschap Delfland. Delft, 1855. cloth.

531 — **Reglement** voor het hoogheemraadschap van Delfland. 's-Grav. 1899. — **The Same.**
's-Grav. 1919. — **Herziening** van de reglementen voor de hoogheemraadschappen Delfland en Schieland. 's-Grav. 1919. — **Reglement** voor het hoogheemraadschap van den Krimpenerwaard. Gouda, 1874. etc. Tog. 12 pieces.

532 — **Söhngen, M. L.,** Verslag over het onderzoek naar de oorzaken van het ontstaan van den stank der Haagsche grachten. 's-Grav. 1914. W. pl. 4to.

533 — **Verslag** omtrent den toestand van het hoogheemraadschap Delfland, over 1904–1907, 1909–1912. Delft, 1905–13. 8 vols.

534 — **Verzameling** van stukken tusschen het hoogheemraadschap Delfland en het gemeentebestuur van 's-Gravenhage omtr. de waterverversching in deze gemeente. Delft, 1890.

535 **Dordrecht.** — De Stat Dordrecht met de aenpalende landen als Out Dubbeldam, den Zuyt en Noord Polder, den Alloysen of Boven Polder, den polder van Waldrecht, enz., door M. de Vries. ca. 1725. 60 × 47 cm. colored.

536 — **Easton, C.,** Het Dordtsche probleem (de vroegere loop der rivieren bij Dordrecht). Leiden, 1917. W. map and 2 ill. *Reprint.*

537 — **Ramaer, J. C.,** Het graafschap, later Holland, de Rijn- en Maasdelta en de tichting Dordrecht in de 11e eeuw. 's-Grav. 1931. W. map. *Reprint.*

538 — **Verslag** der Staatscommissie, betr. den waterweg van Dordrecht naar zee d. J. F. W. Conrad e.a. 's-Grav. 1897. W. 24 maps and pl. 4to. boards.

539 **Eendrachtspolder.** — **(Kaart van)** den Eendragt Polder. 1787. 69 × 33 cm.

540 **Goeree en Overflakkee.** — **Kaarte** van 't eiland Overflacque en Goedereede door A. van Weel. 1793. 88 × 54 cm. colored.

541 — **Greve, A.,** Het zeegat van Goedereede en de vaarweg van Rotterdam naar zee. Rott. 1851. W. 3 maps. 4to. boards.

542 — **Rapport** van den toestand van het eiland Goedereede, 1750–1765 en 1768–1778. Tog. 27 pieces. folio.
Added: Instructie voor den opsiender van 's lands werke te G. 1753. — and other tracts on Goedereede. Tog. 6 pieces.

543 **Hoek van Holland.** — **Kaarten, Hydrographische,** van het zeegat van den Hoek van Holland, schaal 1 : 15000, naar de opnemingen van 1868 tot 1879 en Jan. en Maart 1880. 1 f. colored sheet 326 × 29 cm mounted on cloth.
W. annotations in ms. by Fijnje.

544 — **Anemaat, S.,** Korte aanmerkingen over den Hoek van Holland, desselfs voorgaande en nu tegenwoord. situatien. No pl. (1739).

545 **Hoeksche Waard.** — **Kips, J. H.,** Atlas van den Hoekschen Waard. 's-Grav. 1835. W. 17 colored maps. large folio. boards.

546 **Krimpenerwaard.** — **Kaart** van de Crimpenrewaerd. 1682. (1683). In 6 sheets of 53 × 53 cm. each.
547 — **Heemraadschap van de Crimpenrewaard, Het Hooge,** Map in 6 sheets. 1755. 52 × 43 cm. And 12 coats of arms of the dikereeves (on 12 leaves) and 1 leaf with the coats of arms of the Krimpenrewaard.
548 — **(Blanken, J. T. en H. van Zyll),** Zakelyken inhoud van een project of plan ter volkomen redresse en conservatie van den Crimpenre-Waard. No pl. 1772. folio. — **Redelijkheid, C.,** Berigt aan de respective eigenaars eeniger Veenlanden geleegen in den Krimpenerwaard. No pl. 1781. W. coloured map. folio.
Added: Korte opheldering van de beredeneerde memorie van 1778 .... vervatt. het plan van verveening voor den Crimpenre-waard. Ms. of 20 pp. (ca. 1780) fol. — PROVISIONELE BEDENKINGEN of middelen tot voorkoming der gedreigde onheilen over de provinsie van Holland, door de inundatien van de Krimpener-Waard. ms. of 1520 pp. ca. 1780. fol. — STUKKEN betreff. werken te doen op de „legginge der grondsluizen in het beneeden eynde van den IJssel. 1777. and other printed pieces and mss. (ca. 1770) on the Krimpenrewaard.
Interesting collection.
549 — **Guldemont, A. P. Weggeman,** De aggerum et aquarum curatorum collegio, atque de historia tractus de Krimpenrewaard. Lugd. Bat. W. map. hfcalf.
550 **Leerdam.** — **Blanken Jzn., J.,** Proefmalingen met de Culemborgsche windwipmolens, aan de Horn bij Leerdam etc. Utrecht, 1827. W. 3 pl.
551 **Lisse.** — **Caerte** van de Lisser Polder mette by gelegen plaetsen ... door J. P. Dou, 1624. 33 × 19 cm.
Very scarce.
552 **Nieuw-Bonaventura.** — **Bilderbeek, W. H. van,** Geschiedenis van de polders Nieuw-Bonaventura, Mookhoek en Trekdam. Wijze van bemaling, etc. 2e herz. dr. (Dordrecht, 1911). royal 8vo. cloth.
553 **Nieuw-Cromstrijen.** — **Paul, J.,** Onderzoek naar de stichting van stoomgemaal voor de polders Nieuw-Cromstrijen, Numanspolder enz. No pl. 1880. folio.
554 **Nieuwe Land.** — **Caarte** vande polder genaamd het Nieuwe Landt met zyne buyten landen en gorssinge mitsgaders Banck ende Zyp. alle daar aan behoorende gelegen omtrent 's-Gravesande, door J. Douw. (1665). 1719. 60 × 54 cm.
With the coats of arms of Saldenus, Quiryn van Stryen, Beeldsnyder, Bicker van Swieten and van Wouw.
555 **Nieuwkoop.** — **Caerte** ende afbeeldinge vande ghelegentheyt der heerlyckheyt van Nieukoop ende Noorden, waer of een gedeelte is bepoldert ende besloten soo met-Dirik Meesen kade, Mykade, voorwech, als Nieuwekade besuyden de nieuwe gegraven vaert, langens de Aerlanderveense sytwint. 1647. 2 sheets, meas. 47 × 57 cm each.
Scarce.
556 **Oude IJsel.** — **Nispen tot Sevenaer, O. F. A. M. van,** Het waterschap van den Oude-IJsel. Leiden, 1892.
557 **Oud-Herkingen.** — **Memorie** van bezwaren en klagten tegen de heffing der contributien t.b.v. den polder Oud-Herkingen. 's-Grav. 1855. W. map.
558 **Overwaard.** — **Handvesten,** keuren, privilegien, octroyen, etc. van den Overwaard, m. uittrekzel der voorn. resolutien tot 1780. Verz. d. N. van Slype. Gorinchem, Erve Goetzee, 1782. calf.
559 — **Langeveld, L. A.,** Het ontstaan en de eerste wettelijke regeling van het waterschap „de Overwaard". Hardinxveld, 1887.
560 — **Reglement** voor het bestuur v. h. waterschap genaamd „de Overwaard". Gorinchem, 1881.
561 **Reyerwaard.** — **Bilderbeek, W. H. van,** Geschiedenis der polders Oud- en Nieuw-Reyerwaard, de wijze van bemaling benevens hunne bestuurders. Dordrecht, 1914. W. large map. cloth.
562 **Ronden Hoeps.** — **Caarte** van den Ronden Hoepspolder. ca. 1725. With coats of arms (Six, de Swaen, a.o.). 65 × 50 cm.
Scarce.
563 **Rosenburg.** — **Kaarte** ende meetinge ... van den eijlande Oudt en Nieuw Roosen-

burg, Blankenburg, Ruijge en Lange Plaat, gelegen in de reviere de Maase. 's-Grav., J. de Jongh, 1727. In 8 sheets, meas. 56 × 49 cm. each.

564 **Rijnland. — Floris Balthasar,** Kaart van Rijnland, 1610–1615. Herdrukt van de origineele koperen platen, opnieuw uitgeg. en met inleiding van S. J. Fockema Andreae. 's-Grav. 1929. W. 8 pp. of text, 20 sheets of maps and 2 of coats of arms, large folio. In portfolio.

Reprint, printed on the original copperplates, in a limited number, of the celebrated map of „Rijnland" by Floris Balthasar, 1610–1615.

Out of print.

565 — **'t Hoogheemraedschap van Rhynland.** Kaart van 1647 vernieut, geampl. en gecorr. in 1687. (Leiden, 1687). 3 double sheets for the titlepage, engraved by Rom. de Hooghe, with coats of arms and ornaments, 8 sheets cont. the coats of arms of the dikereeves, and 12 folding maps, meas. 56 × 45 each, drawn by Jansz. Dou and S. van Bronckhuysen, engraved by C. Danckers.

Clean copy.

566 — **Overzichtskaart** van de boezemwateren, polders en wegen in Rijnland. 1884. Schaal 1 : 50.000. Met alphabet. lijst der polders. In 10 sheets, mounted together on cloth. In cloth portfolio.

567 — **Andreae, S. J. Fockema,** Het hoogheemraadschap van Rijnland. Zijn recht en zijn bestuur van den vroegsten tijd tot 1857. Leiden, 1934. W. maps and pl.

Standard history of one of the most important parts of the original Holland, from the 13th century till 1857, which had and partly still has complete power and jurisprudence over its system of dikes and canals, taxation based thereon, etc.

This publication is consequently of the greatest value for the history of law of Holland

568 — — De oude archieven van het Hoogheemraadschap van Rijnland, 1255–1857. Beknopte inventaris. Leiden, 1933. W. map.

569 — **(Brunings, C.),** De verbetering der ontlasting van Rhijnlands boezemwater, en het project der doorgraving uit het Wijker-meer naar de Noord-Zee. Haarlem, 1772. — **C. Redelijkheid,** Zwarigheden tegen het ontwerp van doorgravingen, omtrent Katwijk-buiten. Amst. 1772.

570 — **Collection** of 8 parts on Rijnland. 1795–1803. In 1 vol. boards.

Verhaal van het gene in de zaak van het hoogheemraadschap van Rhijnland is voorgevallen. 1795. — Rapport van de commissie tot onderzoek van R.'s finantie staat. 1795. — Handelingen der vergader. van gedeput. van ingelanden van R., 25 April 1796, alsm. de rapporten der permanente commissie, 1797. — Verhaal der handel. van de vergader. van kiezers, 8 Aug. 1800. — etc.

571 — **Collection** of 12 tracts on the hoogheemraadschap Rijnland. 1772–1889. fol., 4to and 8vo.

J. F. W. Conrad e.a., Het verzekeren van een vasten boezemstand aan Rijnland. Album 1868. W. maps. — Nadere adviezen. 1872. W. 3 pl. — J. B. H. van Royen, Open brieven over deze Adviezen. 1874. W. 2 pl. — G. P. van Outeren, De regtsmagt van het hoogheemraadschap van R. verdedigd. 1835. — Missive over den staat der besteede werken en verstrekte penningen aan R. 1774 — Staat der kosten van het hoogh.sch. van R. 1842, etc.

572 — **Conrad, F. W., A. Blanken Jz. en S. Kros,** Rapport wegens het onderzoek omtr. eene uitwatering te Catwijk aan Zee, gedur. 1802. Haarlem, 1803. W. maps and pl. folio. boards.

573 — **Costumen,** keuren, enz. van 't baljuschap van Rijnland. M. costumen, etc. van Holland. Beschr. d. S. van Leeuwen. (1559–1664). Leyden, de Hackens, 1667. 4to. vellum.

574 — **Dreschlaar, J. N.,** Kort begrip van alle de keuren van het hoogheemraadschap van Rhynland. Haerlem, J. Enschede, 1761. calf.

575 — **Fruin, R.,** De opkomst van het hoogheemraadschap van Rijnland. Amst. 1888. *Reprint.*

576 — **Gevers v. Endegeest,** Het hoogheemraadschap van Rhijnland. [Beschrijv. en Bijlagen]. 's-Grav. 1871. 2 vols. hfcalf.

577 — **Halteren, J. J. van,** De collegio quod in Rhenolandia viar. et aggerum supremam curam gerit. (Hoogheemraadschap van Rijnland). Lugd. Bat. 1828. — **Brillenburg, J. M.,** De collegio aggerum Schielandiae. L. B. 1830. W. map. — **Goes, A. van der,**

De aggerum et aquarum curatorum collegio in Delflandia (Hoogheemraadschap van Delfland). L. B. 1832. — Tog. 3 vols. hfvellum.

578 **Rijnland.** — **Handvesten** ende privilegien van het heemraadschap van Rijnland. (M.) privilegien ,enz. van Holland. Verg. d. S. van Leeuwen. — **Costumen,** keuren, enz. van het baljuschap van Rijnland. (M.) costumen enz. van Holland. Beschr. d. S. van Leeuwen. — Leyden, de Hackens, 1667. 2 vols. in 1. 4to. vellum.

579 — **Inventaris** van de atlassen, kaartboeken etc. van het Hoogheemraadschap Rijnland. Leiden, 1882. — **Vervolg.** Leiden, 1899. — **Catalogus** van het archief van het hoogheemraadschap van Rijnland. Leiden, 1894. — **Lijst** van de boekwerken in Rijnlands Archief. Leiden, 1902. — **Register** van plaatsnamen in Rijnland. Leiden, 1895. — **Vervolg, Eerste,** op het register in Rijnland. Leiden, 1899 — **Alphabetische lijst** der polders in Rijnland. Leiden, s.a. — **Alphabetische lijst** der boezemwateren in Rijnland. Leiden, s.a. — **Register** der bruggen en kunstwerken in Rijnland. Utrecht, s.a. **Overzicht** van Rijnland's waterstaat 1886–1900. Leiden, 1901. — **Overzichtskaart** etc. Tog. 15 pieces.

580 — **Outeren, G. P. van,** De regtsmacht van het hoogheemraadschap van Rijnland verdedigd. Leiden, 1835.

581 — **Privilegien** van Rijnland, 1205–1751. Ms (copy) of the end of the 18th century, well written. 4to. calf.

582 — **Swarts, D.,** Geschied- en natuurkundige overwegingen betr. de rivieren: den Rijn, den Flevus, het kanaal van Corbulo, of Lek, en den Katwijkschen Rijn. 's-Grav. 1822. W. map.

583 — **Swanenburch,** gemeenlantshuys van Rynlant. One sheet with plate on the house and map of the environs by P. Post, 1654. 43 × 36 cm. mounted on cloth.

584 — **Verslag** van dijkgraaf en hoogheemraden van Rijnland over 1858–1941. Leiden, 1859–1942. 84 vols.

Complete set from its commencement.

585 **Schieland.** — **Heemraedtschap, Het Hooge,** van Schielandt: „synde Schielant inden geheelen omvanck vande lantscheydinge tusschen Delflant . . . tot Gouda in coper gesneden en geteeckent door J. Vingboons. Rott., A. van Horn, 1684. Map in 6 sheets and 3 sheets with the coats of arms of van Hogendorp, van Mathenesse, Cats, Brasser and Versyden. 60 × 50 cm.

586 — **Kaarte** der te makene Schielandse Hogen Boesem, met verscheyde gedeelten der omleggende polders, havens, en vaarten der stad Rotterdam, en een gedeelte der Rotte door D. Smits. 1766. 72 × 57 cm.

587 — **Kaart** van het hoogheemraadschap Schieland d. P. W. van Baarsel. 1928. 4 sheets in colors, with the coats of arms of the different municipalities and of some dikereeves, large folio. In portfolio.

588 — **Brillenburg, J. M.,** De collegio aggerum Schielandiae (Hoogheemraadschap van Schieland). Lugd. Bat. 1830. W. map.

589 — **Keuren** ende ordonnantien van 't heemraedsch. van Schielant. Rott., I. Naeranus, 1696. 4to. vellum.

590 **Velgersdijk.** — **Kouter, C. L.,** Kaarte van de vrij-heerlijkheyd Velgers dyck. Gemeten in 1641. ca. 1750. 55 × 44 cm.

591 **Vierambachtspolder.** — **(Kaart van)** de Vier Ambagts Polder in Rynland. d. M. Bolstra. (1740) 68 × 58 cm.

592 **Vlietpolder.** — **Consent** en reglement ot de verveening, enz. van eenige landen in de Vliet-polder onder Esselijkerwoude. No pl. 1797. 4to.

593 — **Lambrechtsen, C. L. M.,** Afschuring aan den oever van den calamiteuse Vlietepolder. 's-Grav. 1888. W. 3 pl. 4to. *Reprint.*

594 **Voorne.** — **Caart-boeck** van alle dorpen, en polders gelegen inden Lande van Oost, ende West Voorne. Mitsg. Over Flacquée enz. genomen Juny 1695. No pl. 1701. With very fine titlepage engraved by Rom. de Hooghe, containing the coats of arms and 32 maps by J. Stemmers after A. Steyaart, all splendidly colored. large folio. hfcalf (Modern binding).

The maps have all coats of arms and charming engravings by J. Luyken, representing rural scenes and landscapes.

595 **Voorne. — Conventie** tusschen de Heeren bailliuw en leenmannen van Voorne. Brielle, 1771. 4to.

Added: Ordonnantie, waarop, binnen de stad Dordrecht, zal worden geheven een paa en havengeld. Dordt. 1827. 4to. — Havenreglement voor de stad Rotterdam, 1835. 4to

596 **Vijf Heeren Landen. — Kaart, Nieuwe,** van de Vyf Heeren Landen gelegen tusscher den Dief en Zouwen Dyk. Amst., R. en J. Ottens, 1741. In 4 sheets, meas. 50 × 4 cm. and 1 leaf for the title.

597 **Woerden. — Heymraedtschap, 't Hooghe,** vande Landen van Woerden. 1740. sheets, meas. 51 × 41 each, with coats of arms.

598 — **Inventaris** van het archief van het opvat-waterschap van Woerden. Woerden 1886. cloth.

599 **IJsel. — Ordonnantie** totten ophef van eenige middelen, tot verdiepinghe ende ve wydinge vanden IJssel ende het onderhoudt van dien streckende tot verbeterin vande navigatie ende negotie tot IJsselsteyn. 's-Grav., H. J. van Wouw, 1667. 4t

600 — **Reglement** op het beheer van den Zuid-IJsseldijk en de IJsselkade. Schoonh ven, 1938. 4to.

FLOODS

601 **Beyer, C. J.,** Gedenkboek van Neerlands watersnood in Febr. 1825. 's-Grav. 182 2 vols. W. 2 maps and 5 lithogra. pl. of the inundations near Oosterwolde, Doc spijk, Wolvega, etc. boards.

602 **Boot, A.,** De overstrooming in Zeeland. (12 Maart 1906). 2e dr. Goes, 1906. W.

603 **Ewijk, H.,** Geschiedkundig verslag der dijkbreukenen overstroomingen langs rivieren in het Koningrijk Holland. (Jan. 1809). Amst. 1809. 2 vols. W. 7 lar maps, 11 folding pl. engraved by B. Vinkeles, of which 2 in colours, of the inu dations of Gorinchem, Kedichem, Babiloniënbroek, Westervoort, Erichem an Beusichem and 4 tables. hfcalf.

604 **Kool, N.,** Aanmerkingen wegens de overstroomingen, waar mede een gedeelte va ons vaderland zou konnen worden bezogt; en bedenkingen op wat wyze men d zelve zoude konnen voorkomen. Dordr. 1728. 4to.

605 **Leeuwen, J. van,** Geschiedkundig tafereel van den watervloed en de overstroo mingen in .... Vriesland, in Sprokkelmaand 1825. Leeuwarden, 1826. W. fron and large. colored map. hfcalf.

606 **Luitjes, E. C.,** Ontwerp om de ongelukken, bij ijskarringen op de bovenrivieren ... te voorkomen. Dordr. 1821. W. large map. — **Uittreksel** uit de rapporten van he voorgevallene bij het hoogwater en den ijsgang op de rivieren. 1848/49, 1849/50, 1855, 1860/61. 4 pieces. — **C. Zillesen,** Plan, hoe alle overstroomingen ... voorko men zouden kunnen worden. Utrecht, 1812. — Tog. 6 pieces.

607 **Pelkwijk, J. ter,** Beschrijving van Overijssels watersnood in Februari 1825. Zwoll 1826. W. 1 pl. hfcalf.

608 **Poll, W. van de,** Schets van den watervloed in Gelderland, N. Brabant, Utrecht Z. Holland in Maart 1855. Tiel, 1855. W. front. by A. Ver Heull.

609 **Sloet, L. A. J. W.,** en **H. F. Fijnje,** Beschrijving van den watervloed in Gelderland i Maart 1855. Arnhem, 1856 W. 4 maps and 12 pl. 8vo. boards.

610 **Staal, M. van der,** Januari-vloed 1916. Rott. 1916. W. ill.

611 **Veen, E. A.,** De overstrooming in Noord-Holland en elders. Januari 1916. Zaandam 1916. W. 3 pl. and 13 ill.

612 **Verslag** over de stormvloeden van Jan. 1877, Oct. 1881, Dec. 1883, Febr. 1889, Dec 1894, Maart 1906, Sept. 1912. 5 Grav., 1877–1912. Tog. 7 vols. W. 15 large maps and pl. 4to. boards.

613 **Verslag** over het voorgevallene tijdens het hooge opperwater en den ijsgang op de Nederlandsche rivieren in den winter 1875/76, 79/80, 80/81, 82/83, 87/88, 90/91, 92/93. 's-Grav. 1876–93. 7 vols. W. maps and pl. 4to. boards.

614 **Verslag** van de staatscommissie benoemd ... 1916 met opdracht een onderzoek in te stellen omtrent de oorzaken van de buitengewoon hooge waterstanden, tijdens den stormvloed van 13/14 Januari 1916 voorgekomen op de in Zuid-Holland gelegen benedenrivieren, meer bepaaldelijk op den Rotterdamschen Waterweg. Met bijlage door P. Schotel. 's-Grav. 1920. 2 vols. W. portfolio cont. 60 maps and pl. — Tog. 3 vols. royal 8vo.

615 **Verslag** van de Staatscommissie omtr. de oorzaken van de buitengewoon hoge waterstanden, Jan. 1916, op de in Zuidholland gelegen benedenrivieren, meer bepaald, op den Rotterdamschen Waterweg. 's-Grav. 1920. W. numerous maps and tables, Tog. 2 vols. royal 8vo.

616 **Verslag** van het voorgevallene tijdens het hooge opperwater op de Nederl. rivieren in den winter van 1925/26. 's-Grav. 1926. W. 5 maps. 4to. boards.

617 **Verslag** van het voorgevallene op de Nederlandsche rivieren in den winter van 1928/29. 's-Grav. 1930. W. 17 maps and pl. 4to. boards.

618 **Vechoven, J. van,** De noodlydende Alblasserwaardt ofte verhaal van de dyk-en inbreuken sedert 1500 bys. door de in- of doorbrake van den Lingendyk in 1726. Dordrecht, J. van Braam, 1727. W. large map. sm. 8vo. boards.

619 **Watervloed, De,** van 13–14 Januari 1916. Leiden, 1916. W. 3 pl.

620 **Zillesen, C.,** Beschrijving van den watersnood van 't jaar 1799 in ons land. Amst. 1800. W. map and 6 pl. hfcalf.

GPSR Compliance
The European Union's (EU) General Product Safety Regulation (GPSR) is a set of rules that requires consumer products to be safe and our obligations to ensure this.

If you have any concerns about our products, you can contact us on

ProductSafety@springernature.com

In case Publisher is established outside the EU, the EU authorized representative is:

Springer Nature Customer Service Center GmbH
Europaplatz 3
69115 Heidelberg, Germany

www.ingramcontent.com/pod-product-compliance
Ingram Content Group UK Ltd.
Pitfield, Milton Keynes, MK11 3LW, UK
UKHW040020200726
13854UKWH00001B/287

* 9 7 8 9 4 0 1 5 1 7 2 6 3 *